万水·荟生活

新手养花
不败指南

王意成 ❤ 编著

中国水利水电出版社
www.waterpub.com.cn

内 容 提 要

朋友家的花草枝叶茂盛，还总开花，我的怎么总是蔫头耷脑？还养死了好几盆，可真心疼啊！这样的苦恼很多人都遇到过。其实花草并没那么难养，主要是你还不够了解它们。

本书搜集了花市中最常见的观叶、观花、多肉、水培、观果和香草植物，品种超全，用最简单易懂的讲解，把选购技巧、浇水、换盆、施肥等养护方法清晰呈现。即使是初学养花的新手也能轻松掌握，再也不用当植物杀手了！

图书在版编目（CIP）数据

新手养花不败指南 / 王意成编著. -- 北京 ：中国水利水电出版社，2014.2（2022.4 重印）
 ISBN 978-7-5170-1560-4

Ⅰ．①新… Ⅱ．①王… Ⅲ．①花卉－观赏园艺 Ⅳ.
①S68

中国版本图书馆CIP数据核字(2013)第311291号

策划编辑：马 妍 责任编辑：陈艳蕊 加工编辑：马 妍 装帧设计：梁 燕

书 名	新手养花不败指南
作 者	王意成 编著
出版发行	中国水利水电出版社
	（北京市海淀区玉渊潭南路 1 号 D 座 100038）
	网 址：www.waterpub.com.cn
	E-mail: mchannel@263.net（万水）
	sales@waterpub.com.cn
	电 话：（010）68367658（发行部）、82562819（万水）
经 售	北京科水图书销售中心（零售）
	电话：（010）88383994、63202643、68545874
	全国各地新华书店和相关出版物销售网点
排 版	北京万水电子信息有限公司
印 刷	天津联城印刷有限公司
规 格	185mm×205mm 16 开本 17 印张 140 千字
版 次	2014 年 2 月第 1 版 2022 年 4 月第 10 次印刷
印 数	41001—44000 册
定 价	59.80元

前言

　　每当走过花店，看到那些娇艳鲜嫩的花朵和郁郁葱葱的绿叶时，你是否总有一种"把它们买回家让房间充满生气"的冲动？不过这时候，内心那个"理智的你"总会跑出来告诫你说："每次买了都死，你还买？看这次能养活几天！"

　　因为有过好几次惨痛的经历，所以尽管很爱花却不敢养。其实，养不活并不是因为你不用心，而是不了解花草的个性。只要由着花草的习性，给它们创造适宜的环境，稍加精心的照料，你也可以养花不败！

　　本书精选了国内花卉市场最流行的103种观叶、观花、多肉、观果、水培和香草植物，从如何购买、给花浇水、施肥、防病虫等讲起，以最简洁的文字和通俗易懂的表达方法，逐点讲解园艺教程，完全为初学者准备。同时配以精美的花草实物图，让你对每种花都有一个直观的印象。是一本图文结合、简单易懂的入门级盆栽书。

　　你会发现，养活花、养好花并没有那么难。

　　赶快去买一盆称心如意的花草回家吧。给它一点爱，它会回馈你最美的姿态！

　　书中部分文字及图片是由王翔协助整理的，特此感谢！

目录

前言

第一章
新手园艺教室

第二章
新人上手39种观叶植物

第一章

新手园艺教室

一、新手常遇到的 30 个问题

01 什么情况下或养多久需要施肥? 刚买回的花要施肥吗?

给花卉施肥前,最好先了解一下此花是喜肥还是一般。同时,这盆花是刚换盆的还是市场买来的。如果是刚换盆的,盆土中有充足的养分,而买来的盆花要让它适应新的环境,慢慢恢复,一般不用施肥。当盆花长出新的枝叶或者形成新的花枝时,可以考虑施一些稀释的薄肥。有些盆栽的球根花卉,可在开花后适量补充一些肥,促使种球肥大充实。

另外还要注意:一是施肥浓度不要太高、次数不能过多,否则会导致根部受伤或腐烂;二是不要在植物缺水时施肥,否则根系突然吸收过多的肥料,容易发生肥害,应在潮湿的土壤中施肥。三是肥料使用不合适,例如需要磷、钾肥的花卉,给它施氮肥、钙质肥就会影响着果或果实的膨大。四是施用有机类肥料,必须要腐熟发酵后才能使用。

02 为何要剪去多余的花朵、花枝?

摘除残花、剪去过多的花枝是养花的一项经常性工作,它有三个好处,增加植株美观、减少养分损失、促使花芽生长。但方法有所不同,如天竺葵,花谢后需将花茎一起剪除。百日菊、长寿花,花谢后要和残花序下部一对叶一起剪除。多花报春、非洲凤仙,花谢后将花瓣摘掉,留下的花茎仍保持绿色,不影响留种。观叶草花抽出的花序立即剪除。

剪除蟹爪兰残花

03 扦插繁殖时如何选插条?

　　根据枝条的成熟度,分为嫩枝、半成熟枝和硬枝。嫩枝扦插和半成熟枝扦插常用于常绿灌木,如比利时杜鹃、宝莲花等,以梅雨季进行最为理想,生根快,成活率高。硬枝扦插用于落叶灌木,如月季、三角梅等。待冬季落叶后剪取当年生枝条沙藏,于翌年春季扦插。

有皮鳞茎(郁金香)

04 如何挑选球根花卉种球?

　　优质的种球是开好花的关键。种球并非越大越好,它必须具备以下标准:一是外形符合种或品种的特征,并达到一定的周径长度或直径大小;二是种球外皮必须完整,有皮鳞茎要有褐色膜质外皮,无皮鳞茎外层平滑呈乳白色;三是触摸感硬,有沉甸感,说明球体充实,淀粉含量充足,如感觉松软,表明球体养分已丧失或者球体内部已开始腐烂;四是种球表层无凹陷、无不规则膨胀、无损伤、无病斑和腐烂;五是种球的顶芽必须完整、健壮、饱满、无损伤。

05 球根花卉什么时候采收种球?怎样贮藏?

　　当球根花卉停止生长后,叶片呈现萎黄时,应选晴天采收,挖出的球根,去除附土,待表面晾干后贮藏。美人蕉、大丽花等在贮藏过程中对通风要求不高的种类,需适当保持湿润,可用湿沙分层堆藏。郁金香、风信子等要求通风干燥贮藏的种类,宜摊放在带孔塑料周转箱或粗铁丝网箱中贮藏。球根贮藏室,冬季温度保持5℃左右,夏季要求干燥、凉爽,室温在20℃~25℃,有利于花芽分化。经常翻动、检查,及时清除腐烂或伤、病种球。

06 日常浇水要注意哪些问题?

　　新手最容易犯的毛病就是“浇水勤”,结果盆土长期过湿,烂根死亡。浇水应根据花卉生长的情况而定,茎叶生长快、气温高时,浇水间隔短一些;相反情况则长一些;休眠期要停止浇水。

　　另外,浇水有四忌:一忌向薄的花瓣上浇水,容易造成花瓣褐化,如矮牵牛等;二忌向有细绒毛的叶片上浇水,会导致叶片出现黑斑,如紫鹅绒、碰碰香等。三忌向叶芽和花芽上浇水,会影响正常展叶和开花;四忌盆花浇水方式不当,水到处乱滴乱淌,影响楼上楼下邻居关系。

给芙蓉酢浆草施复合肥

07 为什么要多用复合肥?

复合肥的优点是氮磷钾配制科学、肥效高、使用方便、没有异味,适合新手。市售的花卉复合肥性状不同,使用方式也不同:粉状的,只要把它溶解于水中,即成液体肥料,可直接施入土中或喷洒叶面;颗粒状的,肥料包在多孔的胶囊里,穿过膜片慢慢释放出来,摆放在盆土表面,每年只施1次肥,简易有效;棒状的,将棒肥插入盆钵边缘的土壤中,肥料随浇水慢慢溶解,被花卉所吸收,其肥效可持续几个月;液体状的,按说明加水稀释可直接施入盆土中或喷洒叶面。

08 我的花配多大的盆合适?

首先,花盆无论其形状和体积如何,必须能支撑和保护花卉的根系,让其吸收到充足的水分和养分,并在盆中正常地生长发育。同时,盆与花要平稳、协调,体积大的植物如滴水观音、散尾葵、发财树、橡皮树等,宜栽于较深的盆中。一般来说,盆的深度应是植株高度的1/4或1/3,例如1株1.2米高的花卉,盆的深度为30厘米比较合适。盆径的大小平均为容器深度的2/3,即30厘米的深盆,其口径应该是20厘米。但体积较小的花卉如葡萄风信子和一些小型多肉植物(大和锦、熊童子、火祭等),宜栽植于卡通盆和异形盆中。总之,花卉与盆要平衡、和谐、有整体感。

09 为什么要摘心?

摘心是苗期或盆栽初期需要进行的必要手段,新手最容易忽略。摘心可促使植株产生分枝,使株形更紧凑、更优美。做法就是将茎部顶端的嫩芽用手摘除,刺激其下部的侧芽长出,增加分枝数。如菊花在生长期多次摘心,促发更多分枝,必定开花多。此法适用于大多数草花,不仅开花多,也是压低株形的好办法。摘心也适用木本花卉,如倒挂金钟、比利时杜鹃、月季等,在植株茎部的顶端,于叶片的上方摘除或剪除,剪口要平整。生长期也可多次摘心。

比利时杜鹃摘心,促使分枝

巴西木换盆时
剪除坏根

10 换盆前有哪些准备工作?

先准备好要换的盆和土壤,若使用旧盆,应清洗干净,新瓦盆使用前要浸水一个晚上。盆土应有一定湿度,过于干燥或过于潮湿均不利于根系恢复和水分吸收。另外,原盆土壤若过于干燥,应先行浇水,1 ~ 2 小时后再行脱盆,以免过多损伤根系。

11 花卉的越冬过程要注意哪些方面?

冬季的阳台,挤满了全年的好花。为了让花开得美,开的时间长,要根据其喜光程度有序地摆放。特别喜光的多肉花卉、仙人掌和草花类,应摆在靠窗的位置;处于休眠、半休眠和耐阴的花卉可放在阳台低处或靠内墙的地方,这样各得其所,互不影响。同时,室内过冬的花卉都要远离热风口或冷风口,以免热空气长时间吹袭,导致花期缩短、落蕾落果、茎叶干枯受损。室温切忌时高时低或偏高,容易刺激半休眠状态的花卉提早"苏醒",降低抗寒能力。冬季白昼变短,光线强度减弱,易发生徒长、叶片发黄、早落的现象。有条件的可人工照明来解决。

12 换盆有什么好处? 什么时候换盆最好?

换盆就是把植物从一个盆中移到另一个盆中,同时更换所有或部分土壤。换盆顺当,对花卉的生长能起到良好的效果。换盆的最佳时间是植物刚刚开始生长时,即萌芽前或开花后。多数花卉如吊兰、常春藤、月季、天竺葵、虎尾兰等,都在早春2月底至3月换盆。另外,早春或春季开花的花卉如君子兰、梅花、春兰、大花蕙兰、山茶花、比利时杜鹃等,可在花后换盆。有些球根花卉如仙客来、马蹄莲等夏季有休眠期,待秋季球根开始萌芽时,即可换盆。

13 叶插繁殖如何操作?

叶插是一种非常有趣的繁殖方法。只要剪下一片发育完好的叶片,并带上一段叶柄,插入土中即可。叶片过大的,为了减少蒸发量,可剪成两半扦插。常用于西瓜皮椒草、铁十字秋海棠等观叶植物。多肉植物可用刀片整齐地切下肥厚叶片,稍晾干后插入沙床,景天科叶片平放,十二卷属叶片斜插,虎尾兰属可剪成小段直插,放半阴处,2～3周后生根,从叶基处长出不定芽,形成小植株。

14 原本健康的叶片出现了白色霉状物,怎么办?

叶片上的白色霉状物一般是白粉病或霜霉病引起的,发病前或发病初期可用50%多菌灵可湿性粉剂1000倍液或70%代森锰锌可湿性粉剂700倍液喷洒,每2周喷1次,前后喷2～3次。同时,盆花摆放的场所要通风、透光,以减轻病害的发生和蔓延。

瓜叶菊白粉病

15 我刚买的观叶盆栽,叶片为什么变黄了?

造成叶片发黄的因素很多,若长期摆放在光线较差的场所、浇水过多,引起根部受损、水分不足,底层叶片会出现卷曲。另外,室温时高时低和室内通风不畅,遭受介壳虫危害等原因都会引起叶片变黄,甚至发生落叶。必须找出具体原因,针对性地改善栽培环境,才能防止继续恶化。

16 为什么有些花茎在窗台上很容易弯向有光的一边?

有的花卉如火炬花,对光照反应特别敏感,花茎向光性强。如果光照不足或偏向,花茎易发生弯曲。由此,盆花无论摆放在窗台还是茶几上,都要定期更换位置,转一转方向,否则花茎总歪向有光的一侧,影响品相。

b 虎尾兰的叶插

a 虎尾兰剪叶扦插

17 不同品种的香叶天竺葵会散发不同的香气吗？

是的，尤其是触摸叶片时。香叶天竺葵散发玫瑰花香，密毛天竺葵散发薄荷气味，杏味天竺葵散发出麝香味，极香天竺葵有新鲜苹果香味，皱叶天竺葵有橘子香味，柠檬天竺葵有一股柠檬香味，芳香天竺葵具松脂味。

市场上所谓的"驱蚊香草"也是香叶天竺葵的一种，其实并没有驱蚊的效果，仅仅是商家宣传而已。

18 花卉为什么要进行人工授粉？

为了提高结实率，得到充实饱满的种子，可采用人工授粉的方法，尤其是授粉成功率低的多肉植物，由于花蕊多隐藏在花被内，应将花瓣拉开，让柱头露出后进行人工授粉。在晴天花朵盛开时进行，一般来说，当柱头裂片完全分叉张开，柱头上出现丝毛并分泌黏液时授粉最佳。为了增加成功几率，第一天授粉一次，第二天可以再授粉一次。授粉完毕的植株，可摆放温暖、通风处进行正常管理。

19 我的小盆栽长得太高了，该怎么处理它？

盆栽植株如果长得太高，会给室内带来许多不便，想保持优美的造型，必须修剪。常绿植物如栀子花等，可在花后或初夏结合扦插繁殖，根据树势进行整形修剪，剪口必须在叶片的上方。落叶植物如月季等，一般在冬季休眠期进行，在植株的1/3处剪除，剪口在外侧芽的上方。

人工授粉可提高结实率

生蚜虫的菊花

22 我家院中的几株花灌木，怎么花越开越少、越开越小了？

要使这些花灌木开花多、开得好，必须年年整枝修剪，几年后要狠剪一次，促使其萌发新花枝，才能开好花。同时，10 年左右进行一次翻蔸（"蔸"是某些花灌木的根和靠近根的茎，翻蔸就是对挖出的花灌木进行修根修枝的意思）。将其挖出，修根修枝后重新栽植，并施上基肥。

20 花枝上出现小黑虫，怎么消灭它？

花枝上出现的小黑虫，大体上是发生了蚜虫危害，春秋季虫体呈棕色至黑色，夏季黄绿色，主要吸取花茎汁液，使叶片皱缩、花枝枯萎，其排泄物常诱发煤污病。家庭中可用烟灰水、橘皮水、肥皂水等涂抹花枝或叶片，也可用黄色板诱杀有翅成虫或用 10% 吡虫啉可湿性粉剂 1500 倍液喷杀。

21 去年春节买的开花盆栽，今年春节怎么不开花了？

花市上出售的盆栽花木，不少是生长在热带地区的花灌木，喜欢高温多湿的环境。如果在养护过程中达不到上述条件，那么要它们长好枝叶，形成花苞也就十分困难。同时，开花过程中要随时剪除凋谢的花序，花后还要剪去已开过花的花枝的一半，促使萌发新花枝，才能继续开花。如果环境条件和修剪措施跟不上，要见花就比较困难了。

23 盆栽常绿花木冬季搬进室内后，为什么常落叶和落蕾？

盆栽常绿花木，冬季要防止盆土缺水干燥或过湿，注意通风，防止发生虫害、出现空气干燥或光照不足。同时，室内温度避免时高时低，要远离空调口，以免热风吹袭。如果出现上述情况，轻者落叶、落蕾，重者植株枯萎死亡。

24 普通盆栽植株可以水培么，在家如何操作？

在室温 18℃ ~ 25℃ 的前提下，用洗根法或水插法取得水养材料。然后放进盛水的玻璃瓶，根系一半浸在水中，放在有纱帘的阳台或窗台。每天补水，夏季每周换水 1 次；秋冬季每 15 天换水 1 次。茎叶生长期每 10 天加 1 次营养液，冬季每 20 天加 1 次。空气干燥时，向叶面喷雾。水养期随时摘除黄叶并每周转动瓶位半周，受光均匀，有利于开花。

25 有金边的植株出现回归绿色时怎么办？

所有的斑叶品种都是从绿色叶片中芽变而来。要防止回绿现象，在生长过程中要提供充足的散射光，不能长期摆放在阴暗处；科学地施用氮素肥，严防过量。发现绿色叶片出现，立即剪除，防止全绿的枝叶形成优势。同时，将叶片金边明显的枝条通过扦插繁殖加以复壮更新。

水培黛粉叶

26 球根类花卉主要用什么方法繁殖?

主要用分球繁殖,此法广泛适用于朱顶红、风信子、花贝母、小苍兰、郁金香等球根花卉。在采挖球根后,必须按大小进行分级,便于贮藏管理和栽培。大丽花于发芽前可将块根分割繁殖,每个块根只需带芽眼即可;球根秋海棠和风信子还可用球根分割法繁殖。另外,大丽花还可用嫩枝扦插;球根秋海棠用带顶芽的枝茎扦插;百合等剪取花后成熟花茎切成小段扦插;大岩桐还可用叶片扦插等方法繁殖。种子繁殖操作繁琐,生长周期长,主要用于育种和改良种球品质,不太适合家庭操作。

球根鸢尾鳞茎

27 听说分株是繁殖多肉植物最简便、最安全的方法,是这样吗?

分株确实是繁殖多肉植物最常用的方法。具有莲座叶丛或群生状的多肉植物都可以通过吸芽、走茎、鳞茎、块茎和小植株进行分株繁殖。如常见的龙舌兰科、百合科、大戟科、萝藦科、景天科的石莲花属和长生草属、番杏科的肉锥花属和生石花属、菊科的千里光属等多肉植物,都具备上述的条件,可以在春季换盆时进行分株繁殖。同时,多肉植物中,具有斑锦的品种,如虎尾兰、熊童子、金琥等,必须通过分株繁殖保持其品种的纯正。

文殊兰分株

火祭秋冬季叶片变红

29 仙人掌类植物为什么都用嫁接繁殖?

如今,嫁接已成为繁殖仙人掌植物最主要的手段。具有繁殖快、生长迅速和开花早的特点,特别适合生长缓慢,根系发育较差以及缺乏叶绿素,自身不能制造养分维持生命的白色、黄色、红色等栽培品种。嫁接还用来繁殖缀化(又称扁化,是一种不规则的芽变现象。通常长成鸡冠状或扭曲卷叠的螺旋形)、石化品种(又称畸形,指多肉植物的生长锥出现不规则的分生和增殖,造成的棱肋错乱,形似岩石状或山峦重叠状的畸形变异)、培育新品种和挽救濒危种等。

30 怎样使观果盆栽多结果?

首先要培育健壮的植株,开花时盆株避开雨淋,进行多次人工授粉,就是用毛笔从一朵花到另一朵花进行人工授粉,以利果实的形成。孕蕾后多施磷、钾肥,可用磷酸二氢钾或花宝3号喷洒2～3次,促进多着果。

仙人掌嫁接
(令箭荷花)

28 有些多肉植物品种的叶片会变色,是这样吗?

很多多肉植物在不同的条件下,叶片会变成不同的颜色。景天科的火祭、唐印等在正常的温度和光照下,叶片为灰绿色,如果在大温差和强光照下,叶片的边缘开始慢慢转红,直至全株呈鲜红色。

二、新手养什么花，如何养花不败？

第一步：新手要树立养花的信心

　　可以选择一些不需要太多管理的"懒人"花卉，所谓"懒人"花卉，是指养护管理方便、粗放，几天不浇水，它照常生长，你多浇了水，它还是长得很好。你不施肥，它还是能生长，就是长得慢一点。再有一二年不换盆，它仍能正常生长……根据上述要求，以下10种花卉最适合新手。

美人蕉

适应性强，繁殖容易，无论地栽或盆栽，一次栽植，多年不管，照常开花不断。

石菖蒲

苏东坡在《石菖蒲赞并序》中说："凡草木之生石上者，必须微土以附其根，惟石菖蒲并石取之，濯去泥土，渍以清水，置盆中可数十年不枯，虽不甚茂，而节叶坚瘦，根须连络，苍然于几案间，久而益可喜也。"

牵牛花

种子有自播繁衍能力，耐干旱和瘠薄土壤，一次栽培，年年有花可赏。

君子兰

虽然是名花，其实也属"懒人"花卉之列。有人说：君子兰要长好不容易，但要种死也不容易。它的生命力很强。

红花石蒜

鳞茎繁殖能力强，耐干旱、耐瘠薄、耐湿，不需管理，一次种植，每年开花。

蜀葵

　　种子有很强的自播繁衍能力，又耐瘠薄土壤，一次种植，可多年欣赏。

凤仙花（指原产中国的凤仙花）

　　种子的自播繁衍能力强，耐旱、耐阴，一次播种后，也可多年有花可赏。

虎刺梅

　　适应性强，耐强光、耐干旱，不浇水、不施肥，照常开花不断。

吊竹梅

　　耐阴、萌芽力和萌蘖力强，栽培简单，繁殖容易，抗污染。

玉簪

　　抗污染、耐干旱、耐瘠薄土壤，病虫危害少，花与叶可共赏。

第二步：正式入门之作

　　从养花不败指南中列出10种花卉作为新手上路的实践，取得点滴养花经验。

　　①**常春藤**（52页）耐湿耐阴的常绿藤本，适合窗台和室内悬挂点缀。

　　②**吊兰**（62页）是易养好栽的观叶植物，现已成为居室空间装饰的"主角"。

　　③**天竺葵**（188页）充足阳光、适度浇水、及时摘花、年年换盆，能半年有花可赏。

　　④**酢浆草**（150页）多年生常绿草本，只要有肥有光，全年开花不断。

　　⑤**香雪兰**（194页）喜光，不耐寒，抽出花序时要搭支架支撑，少搬动。

　　⑥**虎尾兰**（210页）多年生肉质草本，喜温耐干，繁殖容易，不会断种。

　　⑦**铜钱草**（234页）喜湿耐阴，适合盆栽、水培，越养越多，需做好分株整形。

　　⑧**观赏辣椒**（240页）观果植物，喜热、喜光、耐干旱、怕湿。结果不难，多结果不容易。

⑨薄荷（254页）多年生芳香植物，喜光、耐寒、耐湿、耐肥，可以不断采用。

⑩月季（196页）世界名花，掌握施肥、防病、修剪三大要点，好花等你欣赏。

第三步：尝试本书提供的所有花卉

把自己种花过程中的成败经验好好总结，记录下来，说不定，哪天还能编辑成书，让初学者少走弯路。

不少园艺书的作者也都是从新手开始，善于总结，勤奋实践，乐于分享，虽然养花时间不长（不过3年左右），但也有了不小的成绩。如中国水利水电出版社出版的《我的幸福农场：阳台种菜DIY》和《阳台种花》的两位韩国作者，还有《和二木一起玩多肉》的作者二木，都是极好的例子。也许不久的将来，你也会从新手成为一位园艺作家呢！

三、根据自家环境选择要种的花

目前家庭养花的场所，室内主要利用面积不大的阳台和窗台，室外就是自家的小庭院。由于我国地域广阔，从南到北，跨越温带、亚热带和热带区域，加上阳台、窗台形式的多种多样，适合不同地区和环境的花都有所不同。根据地区和环境情况来决定养什么花，是比较容易成功的。选择种什么花？要根据不同地区的自然环境和小气候的具体情况而定。

你的阳台适合种什么花

阳台的朝向有朝南、朝东、朝西和朝北，其中以朝南阳台居多；阳台结构可分为内凹式和外凸式；另外，还有花格阳台和露台等。

由于阳台一般都在楼房的高处，空间不大，背面为砖石或水泥结构的贴面墙壁。夏秋间，它具有光照强、吸热多、散热慢、蒸发大、较燥热等特点；而在冬季则风大而寒冷。但是，不同朝向和结构的阳台，气候条件也有所差别。朝南、朝东的阳台在光照强度和风速方面要比朝西阳台平稳一些，而朝北阳台的光照最差，冬季也最冷。外凸式阳台一般比内凹式阳台受光面大，光照充足，但保温性差，风大。

我国北方地区和长江流域地区，普遍使用封闭阳台，由金属材料和大屏玻璃构成透明屋体，往往是居室(客厅,卧室,书房)的延伸部分，常常把它营造成充满乐趣的"绿色天堂"。在不同方位的封闭阳台中，最重要的是注意通风、遮阴和提高空气湿度。尤其是朝西的封闭阳台，在夏季高温、强光下，要及时遮阴、通风降温；冬季要设置厚质窗帘，注意保温防寒。

不同的阳台适合种的花：

✤ **朝南阳台**：光照比较充足，平均每天接受 9 小时左右光照，温度比较稳定，宜选种三角梅、金琥、火祭、长春花、吊兰、观赏辣椒、马蹄莲、杜鹃等。

✤ **朝北阳台**：很少接受阳光直射，一般比较阴暗，夏季温度偏低，比较凉爽，宜选种肾蕨、龟背竹、君子兰、春兰、常春藤、山茶花、石斛、铜钱草等。

✤ **朝东阳台**：上午能接受柔和并对植物生长十分有利的光照，下午一般比较凉爽，温、湿度较平稳，宜选种滴水观音、合果芋、栀子花、倒挂金钟、蟹爪兰、富贵竹、香叶天竺葵、虎尾兰等。

✤ **朝西阳台**：一般下午日照时间较长，夏季炎热干燥，冬季注意防寒，宜选种苏铁、卡特兰、蝴蝶兰、文心兰、橡皮树、茉莉、太阳花、酢浆草等。

肾蕨用于室内绿饰

盆栽在靠近阳台或窗台时，茎叶及花枝会弯向玻璃窗一侧追逐阳光，为了避免这种偏向生长，必须将盆花定期转向，但每次转向的幅度不可太大，一般每周转动花盆的1/4圈。冬季尽可能将盆栽移至窗边，以增加光照时间和强度。同时，要保持玻璃窗的洁净，及时清除灰尘，可增加10%以上的光度。

你的居室适合种什么花

居室常分为客厅、卧室、书房、餐室、厨房、盥洗室等。由于不同的房间面积、功能和环境不同，在选用花卉种类上也应有所差别。

❀ **客厅**：面积和空间相对较大，是绿饰的中心和重点，也是主人向外界展示自己情趣、修养和个性的重要场所。春季可摆放山茶花、牡丹、大花蕙兰、蝴蝶兰、杜鹃、百合等盆花。夏季可用耐阴和耐热的观叶植物如苏铁、巴西木、橡皮树等；有窗台的客厅，可点缀非洲凤仙、碗莲。秋季摆放文心兰、宝莲花。冬季适逢圣诞节和春节，是访亲接友的最佳时机，可摆放蟹爪兰、丽格秋海棠、金橘、佛手、朱砂根、水仙、卡特兰等。

最好不选喜欢光照充足和空气湿度较高的花卉。充分利用空间，摆花要少而精，切忌过多而显得杂乱无章。

❀ **卧室**：休息、睡眠的场所，以塑造一个宁静、舒适的环境为宜。青年人宜养卡特兰、波斯菊、石斛、风信子、文心兰、蝴蝶兰、郁金香、马蹄莲、月季等盆花，显得温馨、浪漫。老年人宜养吊兰、君子兰、春兰、非洲紫罗兰、虎尾兰、梅花等盆花或盆景，显得典雅、高贵。

龙血树用于卧室绿饰

❀ **书房**：学习和工作的场所，绿饰以雅为主，营造宁静、素雅的环境。春季可放报春花或水养风信子，窗口陈设三色堇或花毛茛。夏季摆一盆文竹或吊兰，清新优雅。向阳的窗口种一盆茉莉或花石榴，也十分别致。秋季用盆栽石斛或倒挂金钟。冬季在窗台上方悬挂常春藤，舒展自然。

❀ **餐室**：最亲切、热闹的生活空间。营造温馨的绿色环境有助于增进食欲和融洽气氛。春季可种郁金香、黄水仙、花毛茛、杜鹃等，使餐室充满浪漫的氛围。夏季养盆碗莲或铁线蕨，给人梦幻般的美感。秋季宜养石斛或百日草，使进餐环境更显清爽、明快。冬季宜养仙客来或瓜叶菊，绚丽多彩，别具一番情趣。

❀ **厨房**：一般住宅中的厨房面积都较小，绿饰宜简不宜繁，宜小不宜大。同时，厨房的温湿度变化比较大、油烟多，宜选择适应性较强的花卉，如吊兰、观赏辣椒、石斛、虎尾兰、蟹爪兰等，忌用花粉多、有异味和有毒的植物。

❀ **洗盥间**：通常面积较小，且温度、湿度较大，较阴暗，通风差，是最容易被忽视的一角。可选用耐湿、耐阴的植物，如肾蕨、鹿角蕨、鸟巢蕨、铁线蕨、冷水花、合果芋、豆瓣绿等小型观叶植物，起到画龙点睛的效果。

绿萝用于书房绿饰

四、花卉选购窍门

　　无论是幼苗、半成品花或成品花，每一个品种都有不同的特性，但也有共同的标准，只要掌握选购的要领，就能买到优质苗株，在养护过程中起到事半功倍的效果。

商品盆栽：
鹰爪十二卷

Haworthia
Limifolia Var.
Limifolia Marloth
鹰爪十二卷

Lachenalia
"Romaud"®
African Beauty
Vosbol international b.v.

商品盆栽：立金花

辨真伪

这在国际花市上是很难出现的，因为出售的盆栽花卉是标准化的，每盆、每株或每袋商品上都插有或挂上塑料标牌，印上花卉的照片、拉丁学名、生产公司的商标、产品号码，背后还简要介绍该种花卉的生长习性、栽培要点和网址等，作为购买者的指南。在国内花市上，由于盆栽花卉商品标准化程度很低，出售的苗株有的只有一个中文名字，印在包装纸或贴在盆钵容器上，没有标准的花卉学名和品种名，更多的是摊主给你报一个好听的商品名。因此选购时必须谨慎，尤其是没有开花的苗株或种球，更难辨别其真伪。由此，若要选购价位较高的商品苗株，最好请上一位懂行的朋友。另外，有些苗株虽然是真的，因为是临时栽的不服盆或者是没有根的"盆栽商品"，这些苗株买回家也是很难养活或养好的。

看完整度

选购苗株的第一感觉是株态好，完整无缺。所谓株态好，就是植株形态或树冠端正，不东倒西歪，枝叶分布匀称，看上去很舒服，顶部完好，没有缺枝或断枝；叶片排列有序，大小匀称，无缺叶、断叶或虫咬叶，刺、毛完整无损；花序完整不掉花，花朵完整不缺瓣，花瓣完整无缺损；挂果匀称，分布均匀，果实发育正常无畸形、无掉果、无缺损和伤痕。

看新鲜度

苗株的茎部挺拔，不萎蔫，皮色纯正，无污斑；叶色青翠欲滴，没有黄叶、枯叶，刺、毛有光泽；花朵丰满，色彩鲜艳，斑纹清晰，有光泽；果实饱满，色泽光亮。

看成熟度

根据生长发育程度，大致分为幼苗、半成品花或成品花 3 类。幼苗，一般指穴盘苗或草本花卉播种出苗后经 1 ~ 2 次移栽的苗；木本花卉播种后出现 2 ~ 3 片真叶的苗或扦插生根苗、嫁接成活苗等。半成品花，常指没有上市，但基本定型的苗株，有的已现蕾或含苞待放。成品花，指已上市的盆栽花木，已有 1 ~ 3 朵花初开或露色初开（指单朵品种），能够识别花色、品种。

观叶盆栽购买时间有讲究

购买时间要根据植物的耐寒程度与本地气候来定。以长江流域为准，耐寒性强的观叶植物，如常春藤、苏铁、竹柏、花叶络石等，除冬季严寒时以外，都可以购买。对一些耐寒性稍差的观叶植物，如发财树、鹅掌藤、鹿角蕨、铁十字秋海棠、印度橡皮树等，最好在春季4～5月购买，此时气温趋向稳定，可享受较长的观赏时间。对那些原产热带地区，在高温、高湿条件下生长的观叶植物，如合果芋、绿萝、竹芋、龙血树等，要在6月初夏时购买，此时的气温、空气湿度都比较接近其原产地，植株恢复快，容易萌发新叶。切忌在秋冬季购买，入室后由于温湿度的差异，往往难于恢复，叶片容易黄化、枯萎。

观花盆栽的四季选购

春季　选购报春花、瓜叶菊等草花，要选1/2小花开放的盆花，不要购买幼苗，一是养护期较长，管理麻烦；二是家庭室内环境难于栽培好。

购买百合、黄水仙、郁金香、风信子、花毛茛等种球时，要选充实饱满，摸上去比较硬，鳞茎外膜完整，顶芽没有损伤的。郁金香种球周长在10～12厘米，风信子种球周长在16～19厘米，百合种球周长在12～18厘米，黄水仙种球周长在12～16厘米。

选购春兰、君子兰，植株叶色深绿，无病斑，春兰以花初开、君子兰以1/4小花开放的为宜。

选购大花蕙兰和蝴蝶兰，要开花多，不要买花蕾多的，因为家庭常温养护，由于环境的变化，容易落蕾，反而会缩短观花时间。

购买山茶花选用2～3年生开花植株；月季选开始开花的植株；杜鹃选1/4～1/3花朵开放的植株；牡丹选花蕾显色的植株；梅花选购花蕾饱满和开始显色的植株。

用于庭园栽植的木本花卉，应在落叶后呈萌芽前购买，株高在1～1.5米、有较好树冠并带土球的为合适。

夏季　选购凤仙花、矮牵牛、勋章花等草花，要求植株紧凑、矮壮，叶色深绿并有花和花苞的盆花。买回可直接欣赏，观花期也长。购买碗莲，4月上旬选购种藕，要2节以上、具健壮顶芽的。三角梅、茉莉等喜温性盆花可在初夏购买开花植株。石榴、栀子花等耐寒性较强的盆栽，可买花初开的植株。

秋季　选购草本花卉如长春花、天竺葵等，要求株形矮壮、丰满，叶色深绿，花朵整齐。倒挂金钟选1/2开花、1/2花苞的植株。桂花等常绿植物，选树冠丰满，叶片厚质、光亮、根部带土球者为好。

冬季　选购丽格秋海棠、仙客来、蟹爪兰等，以花朵初开为好。同样，观果的金橘、冬红果、朱砂根，购买时以挂果的植株为好，挂果越多，营造的气氛愈浓。水仙多习惯于水养，选择鳞茎以个头大、充实饱满、外膜完整、顶芽不伸长、基部无根者为好，水养后花枝多，花朵亦大。卡特兰，叶片要厚实、完整，叶色青翠有光泽，花枝健壮，花色纯正者为宜。马蹄莲，佛焰苞展开并完全开放。茶梅在秋冬带花蕾时购买，须带土球。

冬季选购花初开的
丽格秋海棠

五、特定人群慎养的花卉

有些花由于茎叶内含有毒性的汁液，有的花香过于浓郁，久闻后易引起头晕或不适，有的带刺花卉易误伤儿童。但只要小心处理这些花卉，譬如不要损伤其茎叶，触摸后及时洗手，浓香的盆花可暂放室外欣赏或摘除部分花朵、花药。同时，不要随便食用花卉的各个部位等，一般情况下不会发生很大问题，为了小心起见，根据不同人群列出不适合家养的花卉种类。

老年人慎养的花卉

百合：散发的香气浓郁，会引起老年人的中枢神经过度兴奋，导致失眠。百合花粉会引起有些老年人的呼吸道疾病。

石蒜：全株有毒，老人多触摸容易引起皮肤过敏。

报春花：全株含报春花碱，老人碰摸叶片，容易引起全身皮肤过敏，出现红疹。

一品红：散发的气味和茎叶分泌的乳汁，对老人的呼吸道和皮肤有影响。

虎刺梅：其白色乳汁接触皮肤，会引起皮炎和中毒。

白兰花：植株生长快，盆栽棵大盆重，老人搬动不便，白兰花久闻会引起身体不适。

水仙：香气浓郁，久闻令神经系统产生不适，特别是夜间睡眠时吸入香气，会引起头晕。

郁金香：其散发的香味，会引起老人头晕、胸闷，尤其患高血压症的老人，会诱发血压升高。接触过久，还会引起毛发脱落。

亮丝草：茎叶含有毒的酶，其汁液对皮肤有强烈的刺激性。

月季：香气会使有些老年人闻后产生胸闷不适、憋气和呼吸困难。

马缨丹：全株有臭味，经常触摸，会引起皮肤过敏，重者会奇痒难受，出现红疹。

夜香树：花傍晚开放，飘出阵阵扑鼻浓香，老年人，特别高血压和心脏病患者久闻会引起头晕目眩，郁闷不适，加重病情。

天竺葵：久闻或抚摸茎叶，会使有些老年人引起皮肤过敏，发生瘙痒症。

孕妇慎养的花卉有

含有毒物质的花卉：如花叶芋、变叶木、一品红、龟背竹、绿萝、合果芋、石蒜、乌头、报春花、花毛茛、凌霄、夹竹桃等。虽然这些花卉中含有某些毒素，只要不去触摸它们的枝叶或作菜、药食用，作为家养是没有问题的。

花香过浓的花卉：如百合、夜

香树、香叶天竺葵、夜来香、水仙等。对结果的观果植物山楂、观赏辣椒等，对孕妇来说，仅仅观赏，不要食用它们，是没有问题的。

大型盆栽花卉：如白兰花、散尾葵等，由于盆土外露面积较大，易孳生真菌和产生异味，对孕妇和胎儿发育不利。

儿童慎养的花卉

曼陀罗：接触或误食，会造成瞳孔放大，产生幻觉，肌肉麻痹，呼吸困难等症状，切忌赠送儿童。

侧金盏菊：全株有毒，忌放儿童房，以免触摸发生意外。

毛地黄：全株有毒，又称之"毒药草"，防止儿童误食。

石蒜：全株含生物碱，多接触花茎和花易引起皮炎和头晕。

百合：浓郁的香味，久闻使儿童心烦意乱，其花粉会引起咳嗽和哮喘。

观赏辣椒：果实具剧辣，儿童易触摸果实，如接触眼睛、伤口会引起灼痛感。

报春花：含报春花碱，儿童皮肤柔嫩，触摸叶片会引起过敏。

乳茄：茎部散生倒钩刺，切忌儿童触摸，以免刺伤，果实黄澄澄的含生物碱，有小毒，要防止误食。

仙人掌：密生小刺，儿童喜欢，容易接触抚摸，造成伤害。

虎刺梅：茎部多刺，容易刺伤儿童，如接触到视网膜，还会造成眼睛的严重损伤。

龙舌兰：叶片顶端有尖刺，儿童好动，易受伤害。

观赏辣椒

虎刺梅

六、了解各种培养土

养花常用土

肥沃园土：指经过改良、施肥和精耕细作的菜园或花园中的肥沃土壤，去除杂草根、碎石子，无虫卵并经过打碎、过筛的微酸性土壤。

腐叶土：以落叶阔叶树林下的腐叶土为最好。特别是栎树林下由枯枝落叶和根腐烂而成的腐叶土，具有丰富的腐殖质和良好的物理性能，有利于保肥和排水，土质疏松、偏酸性。其次是针叶树和常绿阔叶树下的叶片腐熟而成的腐叶土。也可集落叶堆积发酵腐熟而成。

培养土：常以一层青草、枯叶、打碎的树枝与一层普通园土堆积起来，并浇入腐熟饼肥或鸡粪、猪粪等，让其发酵、腐熟后，再打碎过筛，一般理化性能良好，有较好的持水、排水能力。

腐叶土

泥炭土：为古代湖沼地带的植物被埋藏在地下，在淹水和缺少空气的条件下，分解不完全的特殊有机物。泥炭呈酸性或微酸性，其吸水力强，有机质丰富，较难分解。

沙：主要是直径2～3毫米的沙粒，呈中性，沙不含任何营养物质，具有通气和透水作用。

水苔：白色、又粗又长、耐拉力强的植物性材料，具有疏松、透气和保湿性强等优点。

蛭石：是硅酸盐材料在800℃～1100℃下加热形成的云母状物质。通气、孔隙度大和持水能力强，但长期使用容易致密，影响通气和排水效果。

珍珠岩：是天然的铝硅化合物，用粉碎的岩浆岩加热至1000℃以上所形成的膨胀材料。是封闭的多孔性结构。材料较轻，通气性良好，质地均一，不分解，保湿，保肥力较差，易浮于水上。

●●●●●●●●●●●●●●●●●●●●●● **各种花卉的土壤混合配比** ●●●●●●●●●●●●●●●●●●●●●●

一、二年生草本花卉：如金鱼草、雏菊、蒲包花、金盏菊、鸡冠花、凤仙花、紫罗兰、矮牵牛、一串红、瓜叶菊、万寿菊、百日草、报春花等，用50%培养土和50%沙；或50%泥炭土、20%沙和30%树皮屑；或50%园土、30%腐叶土和20%沙。

球根花卉：如百子莲、美人蕉、番红花、仙客来、大丽花、小苍兰、唐菖蒲、风信子、鸢尾、百合、黄水仙、石蒜、晚香玉、花毛茛、郁金香、马蹄莲等，用50%培养土和50%腐叶土；或50%泥炭土、30%珍珠岩和20%树皮屑。

多年生宿根花卉：如君子兰、飞燕草、香石竹、龙胆、非洲菊、萱草、玉簪、火炬花、蛇鞭菊、羽扇豆、芍药、非洲堇、鹤望兰等，用50%腐叶土、25%园土和25%沙；或30%园土、40%腐叶土和30%沙。

地生兰：如春兰、大花蕙兰、兜兰等，宜用50%泥炭土、15%树皮屑、15%椰壳和20%蕨根；或50%泥炭土、20%树皮屑、15%沸石和15%苔藓。

观叶植物：如虎耳草、万年青、绿萝、龟背竹等，宜用40%腐叶土、40%培养土和20%沙。

多肉植物：如龙舌兰、芦荟、长寿花、仙人掌、虎尾兰、虎刺梅等，宜用35%腐叶土、35%沙、15%蛭石和15%泥炭土；或25%腐叶土、25%泥炭土和50%沙。

热带兰：如蝴蝶兰、石斛、文心兰、卡特兰等，宜用30%树皮屑、30%椰壳和40%蕨根（蕨根为水龙骨科植物的根或树状蕨类的纤维结构的茎干，其透水、透气良好，不易腐烂，但保水性差）；或40%树皮屑、30%沸石（沸石即火山石，质轻，具有透气好的特点）和30%水苔。

木本花卉：如杜鹃、龙船花、栀子、山茶花、龙吐珠等喜酸性土壤的花卉，宜用40%酸性腐叶土、40%培养土和20%沙。

柑橘类植物：如佛手、金橘、红橘等，用50%园土、25%沙和25%泥炭土，再加10%有机肥如腐熟饼肥、厩肥等。

垂吊植物：如吊兰、嘉兰、香豌豆、天竺葵、蟹爪兰、金莲花、美女樱、倒挂金钟、常春藤等，用40%园土、40%腐叶土或树皮屑和20%沙；或50%园土、40%腐叶土和10%沙。

如今，在园艺商店中已有各种专用营养土出售，如君子兰营养土、兰花植物营养土、杜鹃专用基质、观叶植物营养土、仙人掌营养土等，使用方便。

Tips：

目前，国际上盆栽草本花卉所用盆器的规格都不是很大，常用10～15厘米口径的圆盆，盆栽木本花卉所用盆器的规格，一般在15～30厘米，多肉花卉所用盆器的规格较小，一般在5～12厘米。由于所用盆土有限，除必要的营养物质以外，土壤的物理性要好，植株才能正常生长和发育。为此，盆栽土壤都采用配制的混合土壤。

七、各种肥料

可通过市场购买取得，或经过腐熟发酵而成。

常用有机肥：饼肥

常用无机肥：磷酸二氢钾

"花宝"复合肥

●━▶ 家庭常用肥料的来源 ◀━●

有机肥：指营养元素以有机化合物形式存在的肥料。优点是释放慢、肥效长、容易取得、不易引起烧根等肥害；缺点是养分含量少，有臭味，易弄脏植株叶片。目前，家庭中有机肥的来源主要有各种饼肥、家禽家畜粪肥、骨粉、米糠、鱼鳞肚肥、各种下脚料等，通过市场购买取得或自己沤制经过腐熟发酵而成，一定要充分腐熟后才可使用，因为有机肥是通过土壤中的微生物进行分解以后被植物吸收的。

无机肥：指肥料中所含的氮、磷、钾等营养元素都以无机化合物状态存在的肥料。优点是肥效快，宿根花卉容易吸收，养分高；缺点是使用不当易伤害植株。主要在园艺商店购买，有硫酸铵、尿素、硝酸铵、磷酸二氢钾、氯化钾等，人们习惯称之为"化肥"。无机肥必须通过溶解于水中变成离子态而被植物吸收。

●━▶ 市售专用肥 ◀━●

现在，花卉肥料已广泛采用最佳的氮、磷、钾配制，还出现了不少专用肥料。质量较好的有"卉友"系列水溶性高效营养肥，其中 15-15-30（氮、磷、钾比例）盆花专用肥，适用于藿香蓟、白晶菊、观赏向日葵、矮大丽花、勋章菊、蓝眼菊、大花天竺葵、长寿花、新几内亚凤仙、宿根亚麻等大部分宿根花卉。10-52-10 幼芽肥，适用于宿根花卉苗期使用。20-20-20 通用肥，适用于鸡冠花、千日红、红花烟草、海石竹、剪秋罗、美女樱、蓬蒿菊、秋牡丹、玉簪等花卉。**20-8-20**四季用高硝酸钾肥，适用于紫罗兰、羽衣甘蓝、糖芥、火鹤花、花烛、非洲菊、鹤望兰等花卉。**28-14-14** 高氮肥，适用于蛇鞭菊和草花植物叶面喷洒。**21-7-7** 酸肥，适用于四季报春、多花报春、袋鼠花等。**12-0-44** 硝酸钾肥，适用于菊花、小菊等。**15-30-15** 高磷肥，适用于五指茄等。"花宝"系列速效肥，**花宝 1 号（7-6-19）**，适合于多肉植物。**花宝 2 号（20-20-20）**，适合大部分宿根花卉、多肉植物使用。**花宝 3 号（10-30-20）**，适用于宿根花卉花前使用。**花宝 4 号（25-5-20）**，适用于火鹤花、花烛、非洲菊、鹤望兰等。**花宝 5 号（30-10-10）**，适用于宿根花卉幼苗期使用。

　　另外，还有中美合资生产的百花牌叶绿宝，蝶恋花开花专用型营养液，欣宝观花植物专用营养液等，都适合宿根花卉栽培使用。

八、浇水

不同需水量的花卉类型

　　盆栽花卉种类繁多，由于原产地环境条件差异很大，对需水量的要求也不同。一般分为 3 种类型：

　　旱生类：有极强的抗旱能力，能忍受较长期的空气或土壤干燥。如金琥、石莲花、虎尾兰、十二卷等。

　　水生类：生长于水中，其根或根茎能忍耐氧的缺乏。如碗莲、铜钱草等，若缺乏水分就难于生存。

　　中生类：在湿润土壤中生长，生长期需要适当的水分和空气湿度。绝大部分花卉属于这一类。

　　关于浇水次数和数量，要根据花卉的种类、盆钵大小、土壤质量、环境温度和季节变化而定。

四季浇水特点

　　春季：虽然气温逐渐回升，但不稳定。要根据气温的变化，逐步增加浇水量。草木花卉保持土壤湿润，但不能积水，否则根部会出现褐化、腐烂。木本花卉必须在两次浇水中间有段稍干燥的时间。杜鹃、山茶花、春兰、大花蕙兰等用无钙质水浇灌为好（指水中不含钙离子的水，如雨水、雪水、湖水、河水等）。一般来说，草木花卉每周浇水 1～2 次，木本花卉 7～10 天浇水 1 次。

　　夏季：气温升高，花卉对水分的需求相应增加，要防止叶片缺水、凋萎。草木花卉如凤仙花、矮牵牛等，每 1～2 天浇水 1 次，高温时每天浇水 1～2 次。多年生宿根花卉如萱草、火炬花、非洲菊等，每周浇水 2～3 次。球根花卉，高温时每周浇水 1～2 次。水生花卉不能脱水。盆栽木本花卉如茉莉、石榴、三角梅等，如发现 2～3 厘米深的盆土已出现干燥，则立即浇水，保持土壤湿润，隔半月将盆钵浸泡在水中，浸透后取出，保证盆土湿度均匀。观叶植物除土壤保持湿润之外，炎热天气还要早晚向叶面喷水。

秋季：气温开始下降，日温差逐渐加大，雨水明显减少，天晴日数增多。初秋气温有时仍比较高，对草本花卉如四季秋海棠、向日葵、天竺葵、万寿菊、百日草和菊花等，茎叶水分蒸发量较大，需要及时补充水分，以防叶片凋萎，影响生长和开花。盆栽的倒挂金钟、桂花等，要保持土壤湿润。秋海棠、石斛、大花蕙兰、蝴蝶兰等，盆土保持湿润，并向叶面喷水或喷雾，保持较高的空气湿度。

冬季：室内温度随着室外温度的下降，有着明显的变化。在北方，室温可降到0℃以下，长江流域地区也在5℃左右。在没有加温设施的条件下，大多数冬季花卉基本上停止生长，但盆栽土壤不能完全干燥。因此，冬季浇水视室温的变化来调节。北方有暖气的室内，一般都在15℃～20℃，浇水必须保持盆土湿润，但不能积

水。室内环境干燥的，可向叶面喷水，增加空气湿度。而长江流域地区，冬季室内温度常受空调加温影响，高低不稳定。因此，严格控制浇水，对冬季花卉的养护特别重要。一般浇水不宜过多，浇水间隙时间要视室温变化而定，不能强调一致。浇水以晴天中午为宜，水温尽量接近室温。

不能向大岩桐花朵喷水

三角梅的叶面喷水

九、繁殖

在繁殖花卉的过程中，你会赞叹生命的神奇，享受无穷的乐趣。为那些珍贵的或衰老的花卉增添子孙后代，并使其重新焕发出青春。当然，亲手繁育的花卉也是馈赠亲朋好友的最佳礼物，可共同享受成功的喜悦。

✤ 播种

君子兰播种出苗情况

买种子时要选适合本地栽培的种类，仔细阅读种子说明书（例如种子大小、发芽率、喜光或嫌光等）。然后确定播种时间，准备播种盆、土（包括播种土的配制、消毒等）。

具体操作：常用口径 30 厘米、深 8 厘米的播种浅盆，育苗盘为边长 45×45 厘米，深度 5.8 厘米。播种土用腐叶土、培养土和沙的混合土，需高温消毒，湿度要均匀。

装盆时，粗土放下层，细土放上层，表面用小木板压平后播种。小粒种子播浅一点，中等或大粒种子可略深，一般深度在 1～3 厘米。发芽需要光照的种子，不能覆土；种皮坚硬的，播前需温水浸泡 1～2 天或挫伤种皮后播种。播种完毕从盆底浸水，盆口盖上玻璃或薄膜，以保持盆内湿度，放在 15℃～25℃ 环境中。出苗后要间苗，待幼苗长出 4～6 片真叶时移栽至小花盆。

✤ 扦插

主要用茎插，茎插根据枝条的成熟度，分嫩枝扦插、半成熟枝扦插和硬枝扦插。

嫩枝扦插和半成熟枝扦插：用于草本花卉和常绿灌木，扦插时间在春末至初夏，插条长度在 8～10 厘米，扦插基质（指扦插所用的插壤）以河沙和蛭石为主，插后 2 周左右生根，3～4 周可盆栽。

硬枝扦插：用于落叶灌木，待冬季落叶后剪取当年生枝条沙藏，于翌年春季扦插。

冷水花扦插繁殖

牡丹的分株繁殖

其他方法：像红掌等，其插条可用水苔包扎后，放在盆内或直接插在水苔中。山茶花、茶梅等用叶芽法扦插，即用完整叶片带腋芽的短茎作插条；倒挂金钟、月季、富贵竹等用水插法。牡丹可用根插，将根挖出剪成 5 ~ 10 厘米长，斜插或水平插于沙床中，促使长出不定根和不定芽。根插时，根部愈粗，其再生能力愈强。观叶植物和多肉植物中不少种类可用叶插繁殖。

❋ 分株

多在春季结合换盆或移栽时进行，就是将母株分割成数株或将子株从母株上分割下来，多用于茎叶呈丛生状的观叶和草本花卉，如君子兰、吊兰、文竹、兰花等，在早春或秋季进行，一般分株苗的生长势比播种实生苗差。另外，有些花卉如太阳花、矮牵牛、绿萝等，其接近地面的茎节受湿后常生不定根，将生有不定根的植株剪下也可盆栽。

✤ 压条

将未脱离母株的枝条在预定的发根部位进行环剥或刻伤，之后将长出新根的枝条剪离母株，即成新的植株。压条由于操作起来比较繁琐、繁殖系数较低，但成活率、成苗率高，很适合扦插生根困难或嫁接愈合成活率低的木本花卉。常用高空压条、堆土压条和波状压条法。

高空压条：应用最普遍，适用于基部不易产生萌蘖、枝条较高或枝条不易弯曲的花木，如山茶花、月季、杜鹃，在梅雨季进行。

堆土压条：用于基部分枝多、直立性、多萌蘖或丛生性强的花木，如梅花等，在植株休眠期或初夏生长旺盛期进行。

波状压条：用于枝条比较柔软的藤本花卉，如常春藤等。

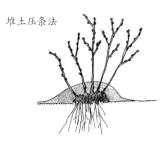

堆土压条法

在丛生枝的基部刻伤后堆土成馒头形

从刻伤处生根后，分离母株可以盆栽

剪下常春藤压条生根苗可直接盆栽

嫁接

是人们有目的地利用两种不同植物能结合在一起的能力，将植物体的一部分枝、芽接在另一植物体上，培养成一个新的独立植株。优点是能保持品种特性，开花结果早，适用于矮化、抗病、一株多花和扦插难生根等特殊目的。缺点是操作繁杂，技术性高，植株寿命短。在木本花卉中常用芽接法和枝接法。

芽接法：常用“T”字形芽接，将砧木的树皮切一个“T”字形切口，把接穗上的芽连同树皮和一小块木质部削下，接到砧木的切口里密接吻合好，再把切口扎牢，但芽和叶柄必须露在外面。一般芽接后 10 ～ 15 天，如果芽的叶柄一碰脱落，芽仍为绿色，表明已接活，一个月以后可以松绑。常用于月季、梅花等。

枝接法：常用切接，将砧木从地表往上 4 ～ 8 厘米处剪成水平状，并从一侧纵向切下 2 厘米，稍带木质部，露出形成层，切面要平直。将接穗先斜切一片，再从另一侧 2.5 厘米处慢慢切下接在砧木上，然后将塑料薄膜绑缚。常用于月季、山茶花、茶梅、杜鹃等。多肉植物在嫁接过程中，由于植物体内含有浆液，嫁接操作快速、熟练才能取得成功。

山茶花嫁接

十、常见病虫害的防治

✱ **病害**

叶斑病:大多由真菌引起,发生在叶片上,开始出现小斑点,以后发展成圆形或不规则的褐色大斑点,常见危害报春花、月季、春兰、杜鹃、山茶花、芍药、佛手、桂花、瓜叶菊、牡丹、梅花、朱蕉、黛粉叶、香龙血树(巴西木)、印度橡皮树、条纹十二卷、虎尾兰等。危害叶片十分难看,影响观赏效果,可剪除病叶,注意通风透光,并用 75% 百菌清可湿性粉剂 1000 倍液或 50% 克菌丹 500 倍液喷洒,每隔 7 ~ 10 天喷 1 次,连喷 2 ~ 3 次。

白粉病:常发生在叶片、花蕾和嫩梢上,开始出现小黄点,以后发展成一层灰白色粉状物,严重时连成一片,并干枯脱落。常见危害瓜叶菊、波斯菊、月季、芍药、蟆叶秋海棠、吊兰等。雨后高温、高湿天气容易发生,浇水时避免淋湿叶片,及时摘除病叶并喷洒 50% 多菌灵可湿性粉剂 1000 倍液或 25% 十三吗啉乳油 1000 倍液。

叶斑病
(比利时杜鹃)

灰霉病：常危害茎、叶和花，受害部位腐烂变褐，并出现灰色霉层，严重时整叶、整花或整株枯死。常见危害报春花、矮牵牛、蝴蝶兰、芍药、月季、山茶花等。发病初期注意开窗通风，降低室内空气湿度，剪除病叶，用 70% 甲基硫菌灵可湿性粉剂 800 倍液或 50% 多菌灵可湿性粉剂 800 倍液喷洒防治。

炭疽病：受害叶片形成黑色、凹陷的斑点，叶尖有时出现深褐色斑纹，严重时整片死亡。常见危害波斯菊、大花蕙兰、春兰、桂花、茉莉、梅花、山茶花、含笑、芍药、鸟巢蕨、朱蕉、香龙血树、印度橡皮树

等。及时剪除病叶和通风，并用 50% 炭疽福美 500 倍液或 25% 咪鲜胺乳油 3000 倍液喷洒防治。

花叶病毒：病受害部位表现为花叶、斑驳、褪绿、黄化、环斑、条斑、枯斑、卷叶、皱缩、畸形等现象。常见危害仙客来、百合、郁金香、水仙、朱顶红、小苍兰、蝴蝶兰、月季、卡特兰、风信子、山茶花、牡丹、君子兰、瓜叶菊等。发现病株及时拔除并立即烧毁，同时防止蚜虫传播，发病初期用 20% 病毒灵 400 倍液喷洒或热肥皂水消毒。

斑枯病：真菌性病害。叶片初期出现浅褐色小圆点斑，

炭疽病（山茶花）

后扩展成不规则褐斑，有的病斑中呈灰白色，造成枯叶脱落。常见危害月季、桂花、山茶花、牡丹等，注意通风透光。发病前，可喷洒波尔多液或波美 0.3 度石硫合剂预防。发病初期用 50% 多菌灵可湿性粉剂 600 倍液或 70% 代森锰锌可湿性粉剂 2000 倍液喷洒。

锈病：真菌性病害，受害植株的叶片、茎及萼片形成红褐色疱状斑，破裂后散发出红褐色或黑褐色粉状物，最后感病部位干枯。常见危害月季、常春藤、石莲花等，及时剪除病叶，对易感染锈病的花木，不要给叶面喷水和弄湿叶片，可降低感病率。发病初期用 12.5% 烯唑醇可湿性粉剂 2000 倍液喷洒。

枯萎病：真菌性病害，受害植株的叶丛很快萎蔫、发黄并迅速蔓延，严重时整个植株死亡。主要危害肾蕨、铁线蕨等蕨类植物。预防措施是种子和播种基质必须消毒，减少氮素肥料的使用，生长期用 70% 代森锰锌可湿性粉剂 700 倍液喷洒预防，发病初期用 50% 多菌灵可湿性粉剂 800 倍液喷洒。

✤ 虫害

蚜虫：常危害幼嫩的顶梢与花芽，刺吸汁液，造成枝叶皱缩、变形，其排泄物诱发煤污病和传播病毒病。常见危害瓜叶菊、矮牵牛、波斯菊、牡丹、月季、碗莲、百合、小苍兰、紫鹅绒等。少量时可捕捉幼虫，用黄色板诱杀有翅成虫，或用烟灰水、皂荚水、肥皂水等涂抹叶片和梢芽。量多时用40% 氧化乐果乳油 1000 倍液或 50% 灭蚜威 2000 倍液喷洒灭杀。

红蜘蛛：其实这是俗称，学名是朱砂叶螨。刺吸叶片、嫩梢和花，使叶片出现黄色斑，造成大量落叶。常见危害牡丹、百合、石榴、杜鹃、茉莉、常春藤、月季、紫鹅绒、冷水花、网纹草等。注意通风，消除落叶，如花灌木在早春发芽前，喷石硫合剂 100 倍液，灭杀越冬雌成螨。为害期用 40% 扫螨净乳油 4000 倍液或 40% 氧化乐果乳油 1500 倍液喷杀。家庭可用水经常冲刷叶片，也可用乌桕叶或蓖麻叶水喷洒灭杀。

介壳虫：刺吸为害嫩枝、幼叶，严重时叶片干枯，诱发煤污病，使树冠发黑。常见危害山茶花、月季、苏铁、金橘、常春藤、鸟巢蕨、龟背竹等。注意通风透光，剪除虫枝，若虫孵化期用 40% 速扑杀乳剂 2000 倍液喷洒，每隔 10 天喷 1 次，连喷 3 次。家庭可用竹签轻轻擦除。

白粉虱：成虫和若虫以口器在叶背刺入叶肉吸取汁液，使叶片卷曲，褪绿发黄，甚至干枯。其排出的蜜露，污染茎叶，引起煤污病。常见危害长春花、观赏向日葵、倒挂金钟、茉莉、春兰、大花蕙兰、月季、牡丹、天竺葵等。用黄色板上涂黏油进行诱杀。或用塑料袋罩住盆花，用棉球滴上几滴 80% 敌敌畏乳油，放进罩内下部，连续熏杀几次即可消灭。

蓟马：若虫、成虫锉吸茎叶的汁液，使茎叶出现变形、萎蔫、干枯。还传播病毒病。常见危害丽格秋海棠、倒挂金钟、百合、春兰、杜鹃、朱顶红、仙客来、瓜叶菊、龟背竹、合果芋等。少量发生时可捕捉灭杀，或在花卉旁放上几粒樟脑丸，进行驱杀。量多时用黄色胶合板，涂上一层稀薄的黏胶剂，放在花卉周围，让蓟马自投罗网，或用 10% 吡虫啉可湿性粉剂 2000 倍液喷杀。

红蜘蛛为害（桂花）

十一、修剪的把握

整枝修剪可以使植株外形更美，有些草本花卉经过摘心和摘除残花后，花开得更旺，植株更健壮。对木本植物来说同样非常重要，正确的修剪可以提高花木移栽的成活率，调节花木的长势，促进开花、结实，控制新梢的生长，使株形更加优美。整枝修剪的方式通常有摘心、疏剪、强剪、摘除残花、摘蕾、修根等内容。

常春藤修剪整形

❧ 摘心

就是将茎部顶端的嫩芽摘除，目的是刺激其下位侧芽长出，增加分枝数；草本花卉在苗期或盆栽初期摘心可促生分枝，使株形更紧凑。有些植株在生长期进行多次摘心，以促生更多的分枝，分枝多则开花多，这也是压低株形的好办法。木本花卉经摘心处理，不仅促生更多的分枝，而且促进花芽分化和达到植株矮化的目的。

❧ 疏剪

换句话说，就是清理门面，将重叠的密枝、过长的蔓枝、多余的侧枝以及弱枝、枯枝和病虫枝等加以清除，保持植株外观整齐、平衡。木本花卉着重修剪过密的重叠枝、不规则的交叉枝、不宜利用的徒长枝、衰弱的下垂枝、多余的内膛枝和基部的萌蘖枝，以及枯枝、病虫枝等。以改善通风透光条件，调节树体的生长势。

✦ 强剪

是修剪中最"狠"的措施，要剪除整个植株的 1/3 ～ 1/2 或留下植株基部 10 ～ 20 厘米，以促使基部或根际萌发新枝，再度孕蕾开花。常用于植株过高或生长势极度衰弱的花木。如太阳花、天竺葵、非洲凤仙、三角梅、茉莉等。

✦ 摘除残花

一项经常性工作，就是将开败的残花摘掉。摘除残花有三个好处：美观、减少养分消耗、促使花芽生长。但不同的花处理方法有所不同：如君子兰、天竺葵，花谢后，需将花茎一起剪除；长寿花要和残花序下部一对叶一起剪除。非洲凤仙、报春花，花谢后将花瓣摘掉，留下的花茎仍保持绿色，不影响留种。

✦ 摘蕾（摘花枝）

为使花开得大一点，一个花枝往往只留一个花蕾，其余摘除，让养分集中。常用于芍药、月季、山茶花等。

✦ 修根

常在花卉移栽或换盆时进行。移栽时将过长的主根或受伤的根系加以修剪整理。换盆时，将老根、烂根和过密的根系适当疏剪整理。

山茶花疏蕾

第二章

新人上手

39种 观叶植物

名字陌生，但小盆栽您一定见过，特别是在商场的小花店里。商家常常给它起个好听的商品名——绿元宝。其实澳洲栗是一种常绿乔木，其种子浑圆似栗子，发芽时，两枚肥厚的绿色子叶左右展开像元宝。多为盆栽小苗，也可水培幼苗，宜放在书桌或电脑旁欣赏。

澳洲栗

关键词：木本植物、观苗、喜光、水培

 原产地：
澳大利亚东北部。

 花期：
春末至夏末。

 习性：
喜高温、湿润和阳光充足的环境。不耐寒，喜湿，怕干旱和积水，稍耐阴。生长适温 20℃～28℃，空气湿度高，枝叶生长繁茂。盆栽冬季养护不低于 7℃，5℃以下会落叶。

⑤ 参考价格

盆径 9～12 厘米，零售价 15～25 元。

◎ 摆放/光照

对光照的适应性较强，大苗适宜接受明亮的光照，小苗适合半阴。夏季要避开直射光暴晒，否则容易灼伤嫩叶，造成大量落叶。宜摆放在朝东或朝南有纱帘的阳台或窗台。

◉ 浇水

生长期盆土保持湿润，但浇水不宜过多，否则会发生烂根和烂叶现象。夏秋季空气干燥时每周向叶面喷水 2 次，保持较高的空气湿度，冬季减少浇水。

◉ 施肥

生长期每 2 ～ 3 个月施肥 1 次，可用腐熟饼肥水或"卉友" 20-20-20 通用肥。施肥量不宜多，否则株叶生长过长，反而影响植株姿态。

◉ 换盆

盆栽用 5 ～ 15 厘米盆。盆土用肥沃园土、泥炭土和沙的混合土，加少量饼肥。每 2 年换盆 1 次，剪除老根、烂根，加入新鲜肥沃的土壤，放半阴处恢复。

◉ 繁殖

播种繁殖，种子成熟后即播或春夏季室内盆播，播前可用温水浸泡 1 天，排放在经高温消毒的湿沙上，种脐向下，保持较高的空气湿度，发芽适温 13℃～ 18℃。

子叶

✂ 修剪

盆栽植株过高时，在秋冬季可将枝顶剪除，直至叶片老化黄萎时再考虑重新播种更新。

◉ 病虫害

常发生锈病危害，发病初期可用 15% 三唑酮可湿性粉剂 500 倍液喷洒。虫害有红蜘蛛和介壳虫危害，家庭养花可用水冲淋灭虫或用 5% 噻螨酮乳油 1500 倍液喷杀。

🌵 新手常见问题解答

1. 澳洲栗长大后怎么处理才能保持漂亮的形态？

答：一是购买新种子，重新培育微型盆栽。二是选取几株壮苗用 20 ～ 30 厘米的盆栽植，培养几年成为 1 ～ 2 米的大苗，绿饰门厅或客厅，也十分时尚。

2. 怎样选购盆栽澳洲栗？买回的植株如何处置好？

答：小盆栽可以是单棵或者 3 ～ 5 棵栽在一起，子叶（见右上图）必须饱满、绿色，中间的羽状叶刚萌发，鲜绿色为优。如果是 12 ～ 15 厘米的盆栽，要求 7 ～ 9 个种苗为宜，子叶绿色，抽出的羽状叶已展开，绿色者为佳。盆栽幼苗买回家放半阴处，若放窗台可拉上纱帘，防止阳光直晒；苗稍大的可放光照稍充足的场所，避开强光暴晒。向叶面多喷雾，增加空气湿度，有利于新叶生长。

白鹤芋

白鹤芋是花叶兼美的多年生草本植物，叶片翠绿光亮，花朵洁白可爱，一次种植可以多年连续赏花。

关键词：
可观花、喜光、耐阴

 原产地：
南美热带地区。

 习性：
喜高温多湿和半阴的环境。不耐寒，怕强光暴晒。生长适温为24℃~30℃，秋冬季为15℃~18℃，冬季不低于15℃。室温低于5℃叶片易受冻害。

 花期：
春季和夏季。

$ 参考价格
盆径12~15厘米，零售价15~25元。

⚙ 摆放/光照
白鹤芋喜光又耐阴，可以摆放在朝南、朝东南的窗台或明亮居室的花架上，避开阳光直射。

浇水

盆土稍干就应立即浇水，每周1～2次，保持土壤湿润。花期每周浇水3次，盆土保持湿润，室内空气干燥时，向地面或盆面喷水，增加空气湿度。冬季室温在15℃时，每周浇水1次，盆土保持稍湿润。

施肥

生长期和开花期每月施肥1次，氮肥不能过量，也可用"卉友"20-20-20通用肥，室温15℃及以下时停止施肥。

换盆

盆栽用直径15～20厘米的盆，盆土用园土、腐叶土和河沙的混合土，加少量过磷酸钙，栽种后放半阴处养护。每2年换盆1次。

修剪

花后将残花剪除，换盆时注意修根。随时剪除植株外围的黄叶、枯叶，用稍湿的软布轻轻抹去叶片上的灰尘，保持清洁、光亮。

繁殖

常用分株和播种繁殖。分株，5～6月进行最好。将整株从盆内托出，去除宿土，从株丛基部将根茎切开，每丛至少有3～4枚叶片，栽后放半阴处养护。播种，开花植株进行人工授粉，可提高结实率。采种后立即播种，由于种子较大，家庭可采用室内盆播，发芽适温30℃，播后10～15天发芽，防止室温过低，否则种子吸水后容易腐烂，影响发芽率。

病虫害

常见有叶斑病、褐斑病和炭疽病危害，发病初期用50%多菌灵可湿性粉剂500倍液喷洒防治。通风不畅、湿度大时，易发生根腐病和茎腐病，可用75%百菌清可湿性粉剂800倍液喷洒防治。

 新手常见问题解答

1. 盆栽的白鹤芋长得很好，为什么不开花？

答：对白鹤芋来说，尽管水分和肥料供应很充足，但没有足够的光照则很难开花。所以，最好摆放在阳光充足的窗台或阳台上养护，但要避免烈日直射；或者一半时间摆放窗台（阳光充足），另一半时间摆放花架欣赏（半阴），这样叶丛中会慢慢抽出花茎并开花。

2. 刚买回的白鹤芋如何照顾？

答：盆栽可摆放在有纱帘的朝南、朝东南窗台或明亮居室的花架上，避开阳光直射。盆土保持湿润，冬季室温在18℃～20℃，每周浇水1～2次，如果室温在15℃左右，每周浇水1次，室温8℃～12℃时，每10～15天浇水1次，8℃时每月浇水1次。空气干燥时应向叶面喷些水，若室温过高或光照不足，叶片容易发黄、凋萎，此时要移放到室温稍低的居室和阳光充足的朝南窗台。

巴西木

巴西木也叫香龙血树，是世界上十分流行的室内木本观叶植物，被誉为"观叶植物的新星"。树干粗壮，叶片剑形，碧绿油光，用茎段盆栽或水养点缀居室的窗台、茶几和书桌，青翠宜人。

关键词：
木本、水养、易繁殖

 原产地：
人工培育的栽培品种。

 习性：
喜高温、多湿和阳光充足的环境。不耐寒，耐阴，喜湿怕涝。生长适温 18℃ ~ 24℃，冬季低于 13℃休眠，5℃以下低温植株易受冻害。

 花期：
夏季。

$ 参考价格

盆径 12 ~ 15 厘米，零售价 15 ~ 25 元；盆径 20 ~ 25 厘米，零售价 50 ~ 80 元。

☼ 摆放 / 光照

喜阳光充足，也耐阴。夏季怕强光暴晒，容易灼伤，以半阴为好。

浇水

春、秋季保持盆土湿润，空气湿度保持70%～80%，夏季每5～7天浇水1次，每月将盆钵浸泡在水里1次，冬季以稍干燥为好。生长期盆土过于干燥、空气湿度不高，都会引起叶片发黄。

施肥

生长期每半月施肥1次，可用腐熟饼肥水或"卉友"20-8-20四季用高硝酸钾肥。冬季室温低于13℃时停止施肥。若氮肥施用过多，叶片金黄色斑纹不明显，影响观赏效果。

换盆

单个茎干盆栽常用直径15～20厘米的盆，3个茎干的用25厘米的盆。盆土用肥沃园土、泥炭土加少量沙的混合土。当根长满盆钵时在春季换大一些的盆。一般新株每年换盆1次，成年植株2～3年换盆1次。

修剪

盆栽时，植株生长过高或老株基部脱脚（常指植株下部的叶片老化脱落），可重剪或摘心，促使多分枝，扩大树冠。平时剪除叶丛下部老化枯萎的叶片。

繁殖

春夏季剪取半成熟枝或无叶的茎段扦插，长5～10厘米，平放或插入盛沙的花盆中，保持25℃～30℃和80%的空气湿度，插后4～5周可生根。也可将长出3～4片叶的茎干新芽剪下，插入沙床，约4周生根。还可用水插或高空压条法繁殖，但温度必须在25℃以上才能进行。

病虫害

常发生叶斑病和炭疽病，发病初期可用200单位农用链霉素粉剂1000倍液喷洒。虫害有介壳虫和蚜虫危害，发生时可用水冲洗叶片或用软毛刷或布将叶片背面幼虫、卵冲掉或擦掉，也可用中性洗衣粉1000倍液喷洒，5～6天喷洒1次，连续3～4次。平时注意室内通风，可减少病虫害。

新手常见问题解答

1. 我栽种的巴西木叶片颜色越来越差了，这是怎么回事？

答：叶片颜色变难看，原因很多，主要是长期阳光不足、浇水过多、肥料不足等所引起。必须多见阳光，将盆花移向窗口；适度浇水，每次必须浇透；向叶面喷洒1～2次观叶植物专用复合肥。

2. 怎样选购巴西木？买回的植株如何处置好？

答：巴西木盆栽以茎干粗壮直立，单干株高在20～40厘米，3干株高在80～150厘米，叶片完整、无缺损，无虫斑，斑纹清晰者为好。刚买的暂放半阴处，防止强光暴晒；每天向叶面喷水2～3次，以增加空气湿度。半年后可施稀薄的复合肥溶液，转移到明亮光照下，保持其彩纹叶色。1年后换盆，增加新的肥沃的栽培土。

彩虹竹芋是竹芋属植物的代表种，叶背有紫红色斑块，远看像盛开的玫瑰花，所以又叫玫瑰竹芋。盆栽摆放客厅、居室、书房，新颖别致，构成一幅生动悦目的画面。

彩虹竹芋

关键词: 半阴、不耐寒

 原产地:
巴西西北部。

花期:
夏季。

 习性:
喜温暖、湿润和半阴环境。不耐寒，怕干燥和强光暴晒。生长适温 18℃ ~ 24℃，冬季不低于 8℃，夏季不超过 32℃。低于 5℃叶片易发生冻害，叶缘出现枯黄和焦斑。

💲 **参考价格**
盆径 12 ~ 15 厘米，零售价 20 ~ 25 元。

⚙ **摆放 / 光照**
喜低光度或半阴，生长期遮光 50% ~ 70%，强光易灼伤叶片。宜摆放在朝东或朝南的窗台和阳台，午间光照过强时可移放至室内有明亮光照的地方。

◎ 浇水

生长期盆土保持湿润，春夏季生长旺盛期应多浇水，冬季植株处于半休眠状态，应少浇水或停止浇水，盆土过湿会导致根茎腐烂。秋季向叶面和地面喷水，保持空气湿度60% ～ 70%，有利于新叶生长，湿度不足或光照过强时，叶片会出现黄叶或焦斑。

✂ 修剪

植株丛生状，叶片生长迅速，出现黄叶、病叶或过密叶片时需及时剪除，以免株叶拥挤或过多伸出盆面，影响形态。

▤ 施肥

5 ～ 9月生长期每半月施肥1次，用腐熟饼肥水，严防肥液触及叶面，也可用"卉友"20-8-20四季用高硝酸钾肥，最好复合肥与有机肥交替使用。冬季搬入室内，温度偏低时停止施肥。

▢ 换盆

盆栽用直径12 ～ 15厘米的盆，用培养土、泥炭土和粗沙的混合土。每年春季换盆，剪去部分老叶，将根茎分开，将带有2 ～ 3条健壮根系和部分叶片的子株直接盆栽。

❋ 繁殖

春末或初夏结合换盆，选叶片生长过密的植株，从盆内托出，将根状茎扒开，选取健壮、带根系的幼株直接盆栽。如果剪下的带叶根茎没有根或根很少时，可先扦插于沙盆中，待生根后再盆栽。

◙ 病虫害

常发生叶斑病和叶枯病危害，用波尔多液喷洒预防。虫害有介壳虫和粉虱，发生时家庭可用水冲洗叶片或用软毛刷将叶片背面的幼虫、卵冲掉或擦掉，也可用中性洗衣粉1000倍液喷洒，5 ～ 6天喷洒1次，连续3 ～ 4次。平时注意室内通风，可减少病虫害发生。

 新手常见问题解答

1. 我的彩虹竹芋叶片突然发黄了，是什么原因？

答：彩虹竹芋喜温暖、高湿和低光的生长环境。如果你养护的环境出现温度偏低、空气干燥和强光照射，彩虹竹芋的叶片就会发黄。要采取提高室内温度、向叶面或地面喷水，提高空气湿度和进行遮光处理等办法，才能使长出的新叶恢复原样。

2. 刚买回的彩虹竹芋如何处置好？

答：盆栽植株买回家，摆放在有纱帘的窗台或明亮的居室内，切忌放在太阳下或者热风或冷风吹袭的位置。春季至秋季，向叶面多喷雾，冬季适度喷雾，但叶面不能滞留水。盆土不宜过湿，空气湿度要高，这样有利于叶片生长，待长出新叶后再施薄肥。

幸福树

幸福树本名菜豆树,是一种常绿木本观叶植物。幼树盆栽装饰客厅、门厅,或配植小庭园的角隅、假山、草坪等处,可营造出舒畅又华美的效果。

关键词:
木本植物、喜光、可水培

 原产地:
中国、印度、菲律宾。

 习性:
喜高温、多湿和阳光充足的环境。不耐寒,稍耐阴,忌干燥。生长适温20℃~25℃,阳光充足有利于新叶生长,冬季不低于12℃,低于5℃易受冻害,导致叶片变黄、脱落。

 花期: 春季。

⑤ 参考价格
盆径12~15厘米,零售价15元左右;盆径18~20厘米,25~30元。

◎ 摆放 / 光照
喜阳光充足,稍耐阴,怕强光暴晒。宜摆放在光照较好的朝东或朝南窗台(阳台),室内有明亮光线的花架、地柜也可以。

浇水

生长期充分浇水，盆土保持湿润，防止盆土干裂。夏季每2天喷水1次，每半月浸润盆土1次。冬季每半月浇水1次，喷雾保持空气湿度在60%，遇空气干燥和湿冷会引起落叶。

施肥

生长期每月施肥1次，可用腐熟饼肥水或"卉友"20–20–20通用肥。夏季高温期和冬季停止施肥。

修剪

茎叶生长繁茂时要进行修剪或摘心，促使多分枝，保持株形丰满优美。

繁殖

夏季剪取顶端半成熟枝，长12～15厘米，剪除下部叶片，留顶端2～4片叶，并剪去一半，插入沙床或泥炭中。在22℃～26℃和较高空气湿度条件下，插后5～6周生根。春季用在室内盆播，发芽适温18℃～21℃，播后2～3周发芽。

换盆

盆栽用直径15～20厘米的盆，用腐叶土、培养土和粗沙的混合土，并加入少量的腐熟饼肥屑。每年春季换盆，去掉部分宿土，加入新鲜、肥沃的土壤。

病虫害

有时发生叶斑病危害，发病初期用70%甲基托布津可湿性粉剂1000倍液喷洒。室内盆栽观赏，如果通风不畅，易发生介壳虫和粉虱危害，可用40%氧化乐果乳油1000倍液喷杀。

 新手常见问题解答

1. 幸福树如何进行彩石栽培？

答：市场上出售的盆栽，播种实生苗或扦插苗两种都有，关键是根系要好，这样彩石栽培后生长势好。脱盆后将根系洗净，剪掉断根；先用彩石将容器填上1/3，将苗株根系平置在彩石上；继续添加彩石至容器的4/5处。用手轻轻压实苗株根系，再加少许彩石，至略浅于瓶口；慢慢加入清水。把彩石栽培的菜豆树摆放在有纱帘的窗台上养护。每周浇1次水，每月加1次营养液，苗株就会慢慢长高，可以边修剪边欣赏。

2. 怎样选购幸福树？买回后如何处置？

答：植株造型好，枝叶繁茂，叶片翠绿，无病斑，有光泽者为佳。盆栽或水培、彩石培植株可摆放在窗台或阳台。明亮光照，不要强光暴晒，室内注意通风；盆栽植株向叶面多喷水，水培植株勤换水。冬季要有防寒保护，主要室温要均衡，不要时高时低或者室温突然在5℃或5℃以下，那植株肯定遭受冻害。幸福树怕烟雾，如果家里有吸烟的人或有烟时要通风，以免造成叶片黄化、脱落。

常春藤

常春藤是一种非常实用的藤本观叶植物。蔓枝密叶，叶形秀美，四季常青，近年来又增加了不少新品种，是很受欢迎的室内观叶植物。

关键词: 垂吊、耐阴、常绿、易繁殖、净化空气

 原产地:
欧洲。

 花期:
秋季。

 习性:
喜温暖、湿润和半阴环境。不耐严寒，怕高温。生长适温 10℃ ~ 15℃，超过 30℃ 茎叶停止生长。大部分品种能耐短暂 –5℃ 低温，个别品种能耐 –15℃。冬季理想的温度是 8℃ ~ 10℃，不要超过 15℃，如果室内太热，叶片会发黄并落叶。

金叶常春藤

☀ 摆放/光照

喜半阴，怕强光暴晒。绿叶种喜明亮的光照，斑叶种宜半阴，光线太弱叶片斑纹易消失，变成绿色。适合在窗台、阳台和花架摆放和悬挂。

💧 浇水

生长期盆土保持湿润，除浇水外，还要向叶面和地面多喷水，保持50%～60%空气湿度，有利于茎叶生长。盆土过湿、过干或空气干燥，叶片会发生枯黄、脱落。

🪣 施肥

生长期每月施肥1次，用腐熟饼肥水或卉友15-15-30盆花专用肥。但肥水不宜过多，否则茎会加快伸长，影响株态。

🪴 换盆

每年春季换盆，加入新土，剪除杂枝和弱枝，压低脱脚枝，重新造型。15～20厘米的盆，每盆栽苗3～4株，用培养土、腐叶土和河沙的混合土。盆栽3～4年后生长势明显减弱，应重新扦插更新。

💲 参考价格

盆径12～15厘米，每盆15～20元。

🌱 繁殖

春秋季剪取2年生营养枝，长15～20厘米，用水插或叶芽法扦插，成活率高，插后约3周生根。春季以常春藤为砧木，用劈接法嫁接优良品种，极易成活。茎长30～40厘米的常春藤在生长期可用波状压条法繁殖，将蔓茎埋入沙床中，保持湿润，从节间长出新根后剪取上盆，成苗快。

鸡爪常春藤

✂ 修剪

吊盆栽培时，每盆栽苗 3 ~ 5 株，茎叶萌发期需多次摘心，促使多分枝，并以垂吊形式修剪和整形，防止枝蔓生长过于凌乱，要使吊盆中的枝蔓分布匀称，达到吊盆快速成型。平时，剪除密枝和交叉枝，保持优美的株形。

🦠 病虫害

高温多湿天气易发生叶斑病危害。可用 1% 波尔多液喷洒预防，发病初期用 75% 百菌清可湿性粉剂 800 倍液或 50% 甲霜灵锰锌可湿性粉剂 500 倍液喷洒。虫害有红蜘蛛和介壳虫危害，发生时用 40% 三氯杀螨醇乳油 1000 倍液和 40% 氧化乐果乳油 1500 倍液喷杀。

水养常春藤

 新手常见问题解答

1.听说常春藤还能吸收空气中的有害气体，是这样吗？

答：常春藤能有效减少空气中的有毒化学物质，其吸收能力很强，在 24 小时照明条件下，可使居室内 90% 的苯消失。常春藤还可以吸收连吸尘器都难以吸到的灰尘，为天然的"空气过滤器"。

2.怎样选购常春藤？买回的植株如何处置好？

答：植株造型好、枝叶丰满、叶片深绿有光泽、斑纹清晰、无缺损和病虫者为佳。刚买的盆栽可摆放或垂吊于通风、有明亮光照的场所，多向叶面喷雾，切忌干燥和暴晒。对垂枝过长或过密的，应适当修剪整枝，待长出新叶后再施肥。水培植株注意加水、换水和添加营养液。

皱叶巢蕨

巢蕨也叫鸟巢蕨。是著名的附生性观赏蕨,形似"鸟窝"的它既好看又好养,悬挂门厅或走廊,可增添自然景色和趣味性。

巢 蕨

关键词: 蕨类植物、耐阴、耐湿、养眼、抗污染

 原产地:
亚洲热带地区。

 花期:
蕨类植物,着生孢子,无花。

 习性:
喜温暖、湿润和半阴环境。不耐寒、怕干旱和强光暴晒。在高温多湿条件下,全年都可生长。生长适温 3 ~ 9 月为 22℃~ 27℃,9 月至翌年 3 月为 16℃~ 22℃。冬季至少要 5℃以上室温。

💲 **参考价格**

盆径 15 厘米, 每盆 20 元;盆径 20 厘米, 每盆 30 元。

◎ **摆放 / 光照**

自然生长于大树中部的叉枝和湿润岩石上,喜半阴,忌强光暴晒。宜摆放在朝南、朝东南窗台的上方或明亮居室的花架上, 夏季放朝北窗台。

浇水

夏季高温多湿条件下，新叶生长旺盛，需向叶面多喷水，保持较高的空气湿度，这对孢子叶的萌发十分有利。幼叶忌触摸，以免碰伤。

施肥

4～9月每月施肥1次，用"卉友"20-20-20通用肥或每半月喷施1次花宝4号稀释液，保持叶片嫩绿、肥厚、并促使子株的萌发。

换盆

当叶片边缘开始枯萎，缺少光泽时，也影响新芽的发育，此时就该换盆了。首先剪除枯萎的叶片，将植株从盆中托出，去除四周的宿土，剪除腐烂的根系。同时，将大一号的花盆底部垫上一层大颗粒土，放进部分配好的土，把处理好的植株栽进盆内，最后将土填充塞紧，浇透水，放半阴处恢复。

繁殖

春季将密集簇生的营养叶切开或掰下旁生的子株，分别盆栽，并以少量腐叶土覆盖。如果排水和通风性好，分株成活率高。孢子成熟时采后即播，播种基质用砖屑和泥炭各半配制，消毒压实，均匀撒入成熟孢子。播后盆口盖上玻璃保湿，发芽适温21℃，约7～10天萌发，10周后原叶体发育成熟，3个月形成幼苗。

修剪

盆栽2～3年后从盆内托出，剪除残根和基部枯萎的孢子叶。平时见枯叶、破损的叶等随时剪除。

病虫害

常见炭疽病危害，发病初期用50%多菌灵可湿性粉剂500倍液喷洒。虫害有线虫，使巢蕨叶片发生褐色网状斑点，发生时每盆可用10%克线磷颗粒剂1～2克埋施灭杀。

 新手常见问题解答

1. 盆栽巢蕨的多数叶片枯萎了该怎么办？

答：只要巢蕨的中心部分还是绿色的，说明植株还是活的。

首先将枯萎的叶片剪除，剩下巢蕨仅有的绿色部分，轻轻抹干净并喷些清水，然后用塑料袋连盆一起包起来，放在半阴处保温、保湿，不久就会长出新芽，待新芽长出后2个月再重新盆栽。

2. 刚买回的巢蕨如何处置好？

答：摆放或悬挂在有纱帘的朝南、朝东南窗台的上方或装饰在明亮居室的花架上。盆土保持湿润，浇水不宜过多。空气干燥时应向叶面喷雾，待长出新的孢子叶后才能施用1次薄肥。

······ 单药花 ······

　　单药花是一种叶、花俱美的常绿灌木，花期长，耐阴。盆栽绿饰门厅、书房、卧室十分相宜。

关键词：
水培、易繁殖、可观花

 原产地：
美洲热带和亚热带地区。

 习性：
喜温暖、湿润和半阴环境。不耐寒，耐阴，怕强光暴晒和光线过暗。生长适温 15℃ ~ 27℃，20℃以上才能形成花芽、开花。不低于 10℃ 能安全越冬，成年植株短时间能耐 7℃，切忌温度时高时低。

 花期：
夏秋季。

🌼 **摆放 / 光照**

　　喜半阴，怕强光暴晒和光线过暗。春秋季摆放在朝东窗台，夏季放朝北窗台，冬季放朝南阳台。

💲 **参考价格**

　　盆径 12 ~ 15 厘米的盆栽，每盆 15 ~ 20 元。

施肥

春夏季每半月施肥 1 次，用腐熟饼肥水；冬季每月施肥 1 次，用"卉友"20-20-20 通用肥。

换盆

用 15 ~ 20 厘米的盆，肥沃园土、泥炭土加少量沙的混合土，每年春季或花后换盆。

浇水

春秋季保持盆土湿润，每周浇水 2 次，空气湿度 50% ~ 60%，叶片生长特别茂盛。冬季以稍干燥为好，每旬（10 天）浇水 1 次，并向叶面和地面喷水，增加空气湿度。

繁殖

春季剪取顶端枝条，长 10 ~ 15 厘米，带 2 ~ 3 节，除去下部叶片，插入沙床，保持 25℃ ~ 27℃，插后 4 ~ 5 周可生根。

修剪

植株生长过高或老株基部脱脚，可重剪或摘心，促使分枝，扩大树冠。

病虫害

常见叶斑病，可用 70% 代森锰锌可湿性粉剂 600 倍液喷洒。虫害有介壳虫和红蜘蛛，发生时可用 40% 氧化乐果乳油 1000 倍液喷杀。

 新手常见问题解答

1. **单药花如何进行水培？**

答：在 18℃ ~ 25℃的环境下，用洗根法或水插法取得水养材料，放进玻璃瓶，根系一半浸在水中，放在有纱帘的阳台或窗台。每天补水，夏季每周换水 1 次；秋冬季每 15 天换水 1 次。茎叶生长期每 10 天加 1 次营养液，冬季每 20 天加 1 次。空气干燥时向叶面喷雾。水养期随时摘除黄叶并每周转动瓶位半周，达到受光均匀，有利于开花。

2. **怎样选购单药花？买回后如何处置好？**

答：植株要求端正、丰满，造型好，茎干粗壮直立，株高不超过 40 厘米。买回家需摆放在温暖、有纱帘的窗台和明亮的客厅，冬季注意防寒保护；同时向叶面、地面多喷雾，防止空气干燥。盆土保持湿润，切忌过湿，待萌发新芽后才能施肥。

滴水观音

滴水观音青翠、醒目，特别适合摆放在客厅、书房，但是植株体内的汁液有毒，千万不可误食，有小孩的家庭要谨慎。只要不食用就没有关系。

关键词: 多年生草本、耐阴、怕冷

 原产地:
亚洲热带地区。

 花期:
夏季。

 习性:
喜高温、湿润和半阴环境。不耐寒，怕强光暴晒和土壤干燥，耐水湿。生长适温 20℃ ~ 30℃，空气湿度能保持70% ~ 80% 最好，叶片能大得出奇，相反则叶片生长受阻。不过达不到也没关系，家养问题不大。冬季不低于15℃，否则生长逐渐停止，进入休眠状态。

$ 参考价格
盆径 15 厘米的每盆 30 元，20 厘米的每盆 50 元。

☼ 摆放 / 光照
喜半阴，怕强光暴晒。在半阴条件下形态最好。宜摆放在有纱帘的朝南或朝东南阳台和有明亮光线的居室。

浇水

5～9月叶片生长旺盛期，夏季每2天浇1次水，春秋季每周浇2次水，除浇水外，向叶面多喷雾，保持较高的空气湿度。冬季在温暖地区生长缓慢，减少浇水；寒冷地区，地上部枯萎，块茎休眠，应停止浇水。

施肥

生长期每半月施肥1次，用稀释的饼肥水或"卉友"20-20-20通用肥，氮肥能促进叶色美观，钾肥使叶片直立不弯曲，但不宜过量。

换盆

用直径15～25厘米的盆，用腐叶土或泥炭土，盆底多垫碎瓦或树皮粗粒，表面覆盖一层苔藓。每年早春换盆。

繁殖

主要用分株繁殖，4～5月将母株从盆中托出，掰开小块茎分别盆栽。如块茎剥开时有伤，可用草木灰涂抹或硫磺粉消毒，以防盆栽时受湿腐烂。

滴水观音的果实

新手常见问题解答

1. 滴水观音叶片怎么变黄了？

答：叶片变黄的原因很多，长期摆放在光线较差或有强光直射的位置、浇水过多、室温过低或过高和通风不畅等因素都会引起叶片变黄。必须"对症"加以改善。

2. 怎样选购盆栽滴水观音？买回后如何处理？

答：挑选植株端正、匀称的，叶片盾形、厚实、绿色、叶脉清晰。刚买回的滴水观音，摆放在有纱帘的朝南或朝东南窗台，盆土保持湿润，浇水不能过多，防止泥水溅上叶面。空气干燥时应向叶面喷雾，待萌发新叶后才能施1次薄肥，肥液不能沾污叶面。

修剪

滴水观音叶片大而薄，叶数少，要防止破损。注意叶片的排列方向和去留，适当进行调整。

病虫害

常有灰霉病危害，发病初期用50%托布津可湿性粉剂1000倍液喷洒。通过蚜虫接触传播花叶病，可用40%氧化乐果乳油1000倍液喷杀防病。

吊兰易养好栽，对一氧化碳、甲醛等有害气体有较强的抗性和吸收作用，被誉为居室"吸毒能手"和家庭"空气净化器"。

吊 兰

关键词: 易养、易繁殖、水培、净化空气

 原产地:
南非。

 花期:
春夏季。

 习性:
喜温暖、湿润和半阴环境。不耐寒，怕高温和强光暴晒。不耐干旱和盐碱，怕积水。生长适温18℃～20℃，冬季7℃以上叶片保持绿色，4℃以下易发生冻害。

💲 **参考价格**
盆径12～15厘米，每盆10～15元。

⚙ **摆放/光照**
吊兰喜欢半阴，可放在有纱帘的朝南、朝东南窗台或明亮有散射光的室内，避开直射光。春秋季半阴，夏季早晚见光中午遮阴，冬季多见阳光。

浇水

生长期需充分浇水，每月用温水（25℃）淋洗1次，夏季每周浇水2次，冬季每周浇水1次，盆土干燥立即浇透水，但过湿也会烂根。

施肥

吊兰耐肥，生长期每旬施肥1次，冬季每月施肥1次，可选用"卉友"20-20-20通用肥或腐熟的饼肥水。养分不足、室温过高会引起叶尖褐化，叶色变淡，甚至凋萎干枯。

换盆

盆栽或吊盆栽培用直径15～20厘米的盆，每盆栽苗3株，盆土用肥沃园土、腐叶土或泥炭土、河沙的混合基质。根长出盆底时应立即换盆。

修剪

吊盆栽培需随时清除枯叶，修剪匍匐枝，保持叶片清新，经常转动盆位，使吊兰枝叶生长匀称。

繁殖

吊兰除冬季以外，均可分株，但以春季结合换盆时进行最好。先将母株从盆中脱出，将过密的根状茎掰开，去除枯叶、老根，剪掉特别长的须根，即可盆栽。也可从匍匐枝上剪取带气生根的子株直接上盆。如果采到吊兰种子，春季采用室内盆播，覆浅土。发芽适温18℃～20℃，播后2～3周发芽。但银边、金心、金边等品种忌用播种繁殖，其播种长出的实生苗叶片均呈绿色。

病虫害

主要有灰霉病、炭疽病和白粉病，发病初期用50%多菌灵可湿性粉剂500倍液喷洒。有时发生蚜虫危害，可用50%杀螟松乳油1500倍液喷杀。

新手常见问题解答

1. 吊兰能否水养？

答：完全可以，先用洗根法（将带土的苗株用清洁的自来水慢慢冲洗干净，但不能损坏根系）取得吊兰的水养材料，然后用各种玻璃瓶作水养容器，在水养过程中应经常向叶面喷雾，春夏季每7～10天换水1次；秋冬季每半个月换水1次。茎叶生长期每旬加1次含氮的营养液，冬季每20天加1次。水养期随时摘除黄叶、修剪过长的花茎，每旬转动瓶位半周，达到株态匀称。

2. 为什么吊兰水浇多了也会烂根？

答：吊兰虽然是喜湿怕干的观叶植物，但根属于肉质根，还有储水的功能，天气干燥时，它有一定的承受能力。但是，过度的浇水会引起根部腐烂，反而影响正常生长。

豆瓣绿

豆瓣绿又叫椒草，为多年生常绿草本植物。品种很多，叶片有各色斑纹，是装点办公室、居室的清新小盆栽。

关键词:
常绿草本、耐阴、养眼、易繁殖

 原产地:
巴西。

 习性:
喜温暖、湿润和半阴环境。不耐寒，稍耐干旱，忌阴湿，怕强光。生长适温16℃~24℃，超过30℃或低于10℃茎叶生长缓慢。低于10℃叶片易冻伤，严重时会腐烂、死亡。

 花期:
夏末初秋。

$ 参考价格
盆径12~15厘米，每盆10~15元。

☼ 摆放/光照
喜半阴，怕强光。春季至秋季遮光40%~50%，冬季不遮光。宜摆放在朝东或朝南的窗台、阳台和室内明亮处。

浇水

春秋季每周浇水 1 次，夏季盆土保持湿润，冬季每半月浇水 1 次。盆土稍干燥，过湿会导致烂根。盆土过于干燥叶片会失去光泽。

施肥

5～8 月生长期每半月施肥 1 次，用稀释的饼肥水。氮肥不宜过多，否则斑叶品种的色彩不明显，叶柄长得长短不一。

换盆

每年春季换盆，盆栽用 12～15 厘米的盆，用泥炭、粗沙加少许有机质的混合土。

繁殖

5～6 月选取 3～4 厘米顶端枝，带 3～5 片叶直接插于沙床，插后 3 周生根。5 月剪取成熟叶片，带叶柄 1 厘米，插于泥炭内，约 2～3 周生根，1 个月后长出小植株。也可水插繁殖。

修剪

生长环境光线差，茎叶易徒长，需适当摘心，压低株形，并加强光照。盆栽 2～3 年植株过高时，应重剪进行更新。换盆时剪除部分根系，修剪过密或重叠叶片，保持株形整齐匀称。

全门圆叶豆瓣绿

病虫害

有时受环斑病毒病危害，受害植株发生矮化、叶片扭曲现象。盆栽时注意用盆和用土消毒，发病初期用 65% 代森锌可湿性粉剂 600 倍液喷洒。通风不好易被介壳虫危害，发生时可用 40% 氧化乐果乳油 1000 倍液喷杀。

新手常见问题解答

1. 叶色变黄、掉叶是什么原因？

答：豆瓣绿叶片变黄、掉叶的因素很多，长期摆放在光线差或光照过强的场所、浇水过量或盆土长期干燥、叶片生长过密和室内通风不畅等，都会造成叶片变黄和掉叶。要针对性改善养护措施才能慢慢恢复。

2. 买回盆栽豆瓣绿如何处理？

答：刚买回的盆栽植株摆在有纱帘的窗台，避开强光直射；浇水不能过量，可向叶面多喷雾。待长出新叶后才能施 1 次薄肥，肥液切忌沾污叶面。每周转动花盆半周，防止植株发生趋光现象。

鹅掌藤是一种常绿灌木或小乔木,因叶片很像鹅掌而得名。盆栽点缀客厅、书房、餐室都非常相宜,青翠碧绿,令人十分舒畅。

鹅掌藤

关键词: 木本植物、常绿、易养

 原产地:
中国南部。

 花期:
夏季。

 习性:
喜温暖、湿润和半阴环境。不耐寒,怕强光、怕干旱和土壤积水。
生长适温 20℃~ 30℃,冬季不低于 5℃,否则易遭受冻害。

$ 参考价格
盆径 12 ~ 15 厘米的每盆 15 ~ 20 元,盆径 20 ~ 25 厘米的每盆 30 ~ 50 元。

✂ 修剪
幼株进行疏剪,轻剪,以造型为主;如果老株过高,可重剪调整。盆栽植株易萌生徒长枝,应及时剪除。

☉ 摆放 / 光照

喜半阴环境，在明亮的光线下叶片斑纹清晰有光泽。怕强光暴晒，夏季需遮光 70%。宜摆放在朝东或朝南有纱帘的阳台或窗台。

💧 浇水

生长期保持盆土稍湿润，盆内积水或时干时湿易引起叶片脱落。夏秋季空气干燥，多向叶面和地面喷水，增加空气湿度，对茎叶生长有利。冬季以稍干燥为好。

🌱 施肥

生长旺盛期每半月施肥 1 次，可用腐熟饼肥水或"卉友" 20-20-20 通用肥。冬季停止施肥。

🪴 换盆

盆栽用 15 ～ 20 厘米的盆，用腐叶土、泥炭土和粗沙的混合土。鹅掌藤生长快，根系发达，每年春季换盆，大型盆栽可 2 年换盆 1 次。

🌿 繁殖

4 ～ 9 月，剪取 10 ～ 12 厘米的半成熟顶端枝条，摘去下部叶片，插于沙床。保持 25℃ 和较高的空气湿度，插后 1 个月左右生根。也可水插繁殖。播种繁殖一般采种后即播或春季盆播，发芽温度 19℃ ～ 24℃，播后 3 ～ 4 周发芽，苗高 10 厘米时移栽。

🐛 病虫害

有时发生叶斑病，初期可用 50% 多菌灵可湿性粉剂 1000 倍液喷洒。虫害有介壳虫和红蜘蛛，发生时用 40% 氧化乐果乳油 1000 倍液喷杀。

 新手常见问题解答

1. 怎样才能使鹅掌藤长得丰满好看？

答：鹅掌藤生长迅速，想要分枝多、树冠丰满，必须整形修剪。最好在 5 ～ 7 月进行，将枝干剪掉 1/3，等新芽长出后再修整，经过 2 ～ 3 次修剪，分枝多了，枝叶繁茂了，株形也优美了。

2. 怎样选购盆栽鹅掌藤？买回的植株如何处置好？

答：植株造型好、茎干粗壮、枝叶丰满、叶片深绿有光泽、无缺损、无断叶和无病虫者为佳。斑叶品种要求纹理清晰，色彩鲜艳。买回家后，可放在有纱帘的阳台或室内有明亮光线的位置。不能低于 13℃，盆土保持稍湿润，空气干燥时向叶片喷水，空气湿度 60% 对植株恢复最有利，长出新叶时可转入正常管理。

发财树

发财树是大家再熟悉不过的观叶盆栽，不仅有适合装饰客厅的大盆栽，还有可摆在书桌的小盆栽，深受人们喜爱。

关键词：
观茎、观花、食果、水养

 原产地：
墨西哥。

 习性：
喜高温、多湿和阳光充足的环境。不耐寒，耐干旱和耐半阴，怕强光暴晒，忌积水。生长适温20℃～30℃，空气湿度60%～70%。冬季不低于12℃，低于5℃茎叶停止生长，会引起落叶。成年植株可耐短时0℃低温。

 花期：
秋季。

💲 参考价格
盆径12～15厘米的每盆15～20元；盆径20厘米有造型的植株每盆50～100元。

◉ 摆放/光照

喜阳光充足，耐半阴，怕强光暴晒。宜摆放在阳光充足的窗台或客厅。

◉ 浇水

生长期盆土保持湿润，高温季节，盆土干燥后浇透水，每天向叶面喷水；冬季每旬浇水1次，低于15℃时控制浇水。

◉ 施肥

春夏季每月施肥1次，用腐熟的饼肥水或"卉友"20-20-20通用肥。

◉ 换盆

盆栽用直径15～25厘米的盆，用肥沃园土、腐叶土和粗沙的混合土。每年春季换盆，大型盆栽每2～3年换盆1次。

◉ 繁殖

初夏剪取15～20厘米2年生成熟枝，顶端留1片复叶，插入沙床，在20℃～25℃和较高的空气湿度下，7～10周生根，扦插苗基部不会膨大。播种繁殖采种后即播，陈种发芽率极低，可室内盆播。种子大，点播，覆浅土，发芽适温22℃～26℃，播后3～5天发芽。为多胚植物，每颗种子出苗1～4株，出苗后3～4周可盆栽，实生苗茎干基部会膨大。

◉ 修剪

换盆时剪去伤根、老根和过长的根，如果树冠过大，可修剪整形。定期用湿软布或海绵给叶片除尘，保持清新光亮。

◉ 病虫害

常有叶斑病危害，可用50%多菌灵可湿性粉剂1000倍液喷洒防治。虫害有介壳虫、粉虱和卷叶螟，发生时可用25%亚胺硫磷乳油1000倍液喷杀。

 新手常见问题解答

1.**发财树怎样进行水养？**

答：选1棵矮壮的老株或剪1小段粗茎，插在水中。4～5周长出新根后，转移到玻瓶中水养，摆放在阳光充足的窗台或阳台。每10天加1次水，1～2天向叶面喷水一次。冬季每20天加1次营养液，其他季节每2周加1次营养液。随时摘除黄叶。

2.**刚买回的发财树如何处置好？**

答：买回家的发财树，摆放在阳光充足的窗台或客厅，室温在12℃以上。每旬浇水1次，盆土不能过湿。空气湿度稍大些，保持60%左右，空气干燥时向叶面喷水，待长出新叶后才能施肥。

凤尾蕨

凤尾蕨是孢子叶呈凤尾状的观赏蕨。非常喜欢湿润的环境，要经常喷水。盆栽适合窗台、书桌或案头，庭院可植于墙角、假山或池畔。

关键词: 观赏蕨、耐阴、耐湿、养眼

 原产地:
人工培育的栽培品种。

 习性:
喜温暖、湿润和半阴环境。不耐严寒，耐阴，怕强光暴晒，耐干旱。生长适温 12℃~22℃，夜间 10℃~16℃。冬季不低于 10℃，叶片仍保持翠绿。5℃以下叶片停止生长，有时也会发生冻害。

 花期:
蕨类植物，着生孢子，无花。

$ 参考价格

盆径 12 ～ 15 厘米的每盆 30 ～ 40 元。

◎ 摆放 / 光照

喜半阴环境,怕强光暴晒,适合摆放在有纱帘的朝南、朝东南窗台或明亮居室的花架上。

◎ 浇水

生长期盆土保持湿润,不能让盆土干旱失水,需经常喷水,保持空气湿度 60% ～ 70%。如果空气湿度在 30% ～ 40%,摆放时间长了,叶片会发黄、枯萎。夏季每周浇水 3 次,冬季每周 1 次。

◎ 施肥

生长期每月施肥 1 次,用"卉友" 15–15–30 盆栽专用肥和腐熟的饼肥水,肥液不能沾污叶面。

◎ 换盆

盆栽用泥炭土、河沙、腐叶土的混合土,盆底多垫碎瓦片,有利于排水。每 2 年换盆 1 次或根长出盆外时换盆。

✂ 修剪

生长期随时摘除枯叶、黄叶和折断的枝叶。换盆时整修根系,剪除老根和过长的须根,孢子叶过密或过高时也应适当修剪。

❀ 繁殖

早春换盆时从盆中托出植株,掰开根茎,去除老化根茎,剪掉过长的须根和枯枝、断枝,直接盆栽。如果植株过大,可将母株旁生的子株分开盆栽,但花盆不宜过大,否则会影响生长和造型。盆栽后放半阴处,避开干风吹刮,适当喷水,保持较高的空气湿度。

🐛 病虫害

常发生叶斑病,可用 70% 甲基托布津可湿性粉剂 1000 倍液喷洒防治。虫害常见介壳虫,发生时用 40% 氧化乐果乳油 1500 倍液喷杀。

 新手常见问题解答

1. 凤尾蕨有几片叶发黄、卷曲了,怎么办?

答:叶片发黄、卷曲时,只要地下的根茎没有枯死,就还能挽救。从根茎部把发黄的枝叶剪去,不要剪掉或损伤旁生的新芽,浇足水分,用塑料袋套上,放在温暖的室内,不久就会长出新芽,形成新的株丛。

2. 我的凤尾蕨很密很大,想换盆,是否一定要换大一号的花盆?

答:一般来说,换盆后需用大一号的花盆,如果想用原来的花盆,可以进行分株繁殖,每盆栽上 4 ～ 5 个茎比较合适,如果子株分得太小,对以后生长不好。

福禄桐是一种常绿灌木或小乔木，又名南洋森，我国的香港和台湾地区都叫它"福禄桐"，意为带来好运。适合点缀客厅、窗台或书房，绿叶葱郁，令人赏心悦目，神清气爽。在南方，常作庭院的耐阴色叶灌木。

福禄桐

关键词: 灌木、耐阴、吉祥树种

 原产地:
马达加斯加。

 花期:
夏季。

 习性:
喜温暖、湿润和半阴环境。不耐寒，不耐湿，怕强光、干旱和土壤积水。生长适温 20℃~30℃，冬季不低于 13℃，8℃以下叶片易受冻脱落。

参考价格
盆径 12 ~ 15 厘米的每盆 20 ~ 25 元，盆径 20 厘米的每盆 30 ~ 50 元。

摆放/光照
喜半阴，怕强光。在明亮的光线下，叶片斑纹清晰有光泽。夏季遮光 70%。春秋季摆放在朝东窗台，夏季放朝北窗台，冬季放朝南阳台。

浇水

生长期保持盆土稍湿润，若盆内积水或干湿不匀会引起落叶。夏秋季空气干燥，多向叶面和地面喷水，增加空气湿度对茎叶生长有利。冬季以稍干燥为好。

施肥

生长旺盛期每月施肥 1 次，可用腐熟饼肥水或"卉友"20-20-20 通用肥。冬季停止施肥。

换盆

盆栽用 15 ~ 20 厘米的盆，用腐叶土或泥炭土和粗沙的混合土。春季换盆，每 2 年一次。

繁殖

春季剪取 10 ~ 12 厘米的半成熟顶端枝条，摘去下部叶片，插于沙床。保持 25℃ 和较高的空气湿度，插后 3 ~ 4 周生根。也可用水插和高空压条繁殖。播种不难，可采种后即播或春季盆播，发芽温度 19℃ ~ 24℃，播后 3 ~ 4 周发芽，苗高 10 厘米时移栽。

芹叶福禄桐

修剪

幼株疏剪、轻剪，以造型为主；如果老株过高，可重剪调整。易萌生徒长枝，应及时剪除。

病虫害

发生叶斑病时，用 50% 多菌灵可湿性粉剂 1000 倍液喷洒。虫害有介壳虫和红蜘蛛，可用 40% 氧化乐果乳油 1000 倍液喷杀。

 新手常见问题解答

1. 怎样能使福禄桐丰满好看？

答：福禄桐生长迅速，要分枝多、树冠丰满，可在初夏整形修剪，将枝干剪掉 1/3，等新芽长出后再修剪，经过 2 ~ 3 次这样的修剪，分枝多了，枝叶繁茂了，株形也优美了。

2. 怎样选购福禄桐？买回的植株如何处置好？

答：株型好，茎干粗壮，枝叶丰满，叶片深绿有光泽，无缺损，无断叶和无病虫者为佳；斑叶品种要求纹理清晰，色彩鲜艳。福禄桐买回家，可摆放在有纱帘的朝东阳台或室内有明亮光线的位置。室温不低于 15℃，盆土稍湿润，空气干燥时向叶片喷水，空气湿度保持 60% 以上对植株恢复最有利，待长出新叶后，再施 1 次薄肥。

龟背竹

龟背竹是初学者首选的观叶植物。它具有攀援性，是多年生常绿草本植物。家养常陈设于客厅、门厅、楼梯转角。在南方常散植于墙角、池畔或石隙，自然大方。

关键词：
耐半阴、攀援性、水培

 原产地：
墨西哥、巴拿马。

 习性：
喜温暖、湿润和半阴环境。不耐寒，怕干燥，忌强光。生长适温 15℃ ~ 25℃，冬季不低于 14℃，低于 10℃叶片开始柔软而卷曲，茎腐烂。

 花期：
春季至夏季。

$ 参考价格
盆径 12 ~ 15 厘米的每盆 15 ~ 20 元，盆径 18 ~ 20 厘米的每盆 30 ~ 50 元。

⊙ 摆放 / 光照
喜半阴，怕强光。光照过强，叶面会发黄和焦边，春季至秋季遮光 50%，冬季不遮光。宜摆放在朝南、朝东南窗台或明亮的居室。

💧 浇水

茎叶生长期每周浇水 1 次，保持盆土湿润；冬季每半月浇水 1 次，盆土稍干燥。盆土过湿会叶片黄化，茎腐烂；水分不足或空气干燥时叶尖及叶缘会褐化并枯萎。

🔲 施肥

5 ～ 8 月生长期每半月施肥 1 次，用稀释的饼肥水或"卉友" 20-20-20 通用肥。

🔲 换盆

盆栽用直径 15 ～ 20 厘米的盆，吊盆用直径 20 ～ 25 厘米的。用培养土、腐叶土和粗沙的混合土。每隔 2 ～ 3 年在春季换盆，剪除老根和过长的茎节、黄叶。

✂ 修剪

株高 20 ～ 30 厘米时摘心，促使分枝。盆栽 2 ～ 3 年后，当下垂茎节过重或过长、下部叶片发生枯黄时，进行修剪整形。

🔲 繁殖

常用播种、扦插和分株繁殖。种子成熟后即播或春播，干燥种子播前用 40℃温水浸泡半天，发芽适温为 18℃ ～ 24℃，播后 25 ～ 30 天发芽。扦插于春末或初夏进行，剪取茎节上的顶端枝条，每段带 2 ～ 3 个茎节，去除气生根、带叶或去叶插于沙床，保持 25℃ ～ 30℃ 和较高湿度，插后 20 ～ 30 天生根，长出新芽时即能盆栽。分株在夏秋季，将母株的侧枝带 3 ～ 4 片叶取下，带部分气生根，可直接盆栽，成活率高，成型快。也可水插，剪取茎蔓 20 ～ 30 厘米，基部叶片去掉 1 ～ 2 枚，直接插于盛清水瓶中，每 2 ～ 3 天换 1 次水，约 3 ～ 4 周长出新根。

🐛 病虫害

有时发生叶斑病和茎枯

龟背竹开花

病，发病初期用 50% 多菌灵可湿性粉剂 1000 倍液或 50% 退菌特可湿性粉剂 800 ～ 1000 倍液喷洒。虫害有介壳虫，可用旧牙刷清洗后用中性洗衣粉 1000 倍液或 40% 氧化乐果乳油 1000 倍液喷杀。

 新手常见问题解答

1. 盆栽龟背竹的叶尖和叶缘出现了褐色，是什么原因？

答：叶尖和叶缘出现褐色的原因很多，最主要的是室内空气干燥或盆内根系密闭所引起，其次是浇水过多的征兆，若是积水引起的褐化，叶片还会变黄。此时，必须减少浇水，向叶面喷雾和换盆。

2. 刚买回的龟背竹如何处置好？

答：刚买回的龟背竹，摆放在有纱帘的朝南、朝东南窗台或明亮的居室。盆土保持湿润，浇水不宜过多。空气干燥时应向叶面喷雾，待长出新芽后才能施 1 次薄肥，肥液不能沾污叶面。

合果芋

合果芋叶形多变，色彩清雅，充分展示了观叶植物的魅力。可盆栽、可悬挂，又可柱状造型，也可装饰室外墙篱、台阶、池边等阴湿处，应用多样。

关键词:
垂吊、易繁殖、可水养

 原产地:
美洲热带地区和西印度群岛。

 习性:
喜高温、多湿和半阴环境。不耐寒，怕干旱和强光暴晒。生长适温15℃~23℃，夏季超过30℃生长缓慢，冬季不低于12℃，低于5℃叶片变黄脱落，春季超过10℃时开始萌发新芽。

 花期:
夏季。

$ 参考价格
盆径12~15厘米的每盆15~20元，盆径20厘米的每盆35~40元。

◎ 摆放/光照
喜半阴环境，怕强光暴晒。春季至秋季遮光50%，冬季不遮光，斑叶品种需光照，忌直射，绿叶品种需半阴。悬挂在朝南或朝东南的窗台上方。

💧 浇水

春夏季枝叶生长旺盛期，每周浇水1次，保持盆土湿润；若排水不畅、盆土过湿，茎叶易腐烂；水分不足，叶片粗糙变小。冬季每半月浇水1次，盆土保持稍干燥。

🧴 施肥

5～8月生长期每半月施肥1次，用稀释的饼肥水或"卉友"20-20-2通用肥。促进茎叶生长，若氮肥过多，茎节生长过长，容易折断，反而影响株态。

🪴 换盆

盆栽用直径10～15厘米的盆，吊栽用直径15～18厘米的盆。用培养土、腐叶土和粗沙的混合土。每年春季或根系长满花盆时换盆，剪除部分根系，剪去过长的下垂枝和黄叶，保持株形匀称。

✂ 修剪

株高15～20厘米时进行摘心，促使多分枝。当下垂分枝长短不一或过长时，进行修剪整形。盆栽2～3年后，枝条过多过密时，可重剪更新。

🌱 繁殖

常用扦插繁殖，在5～10月15℃以上时进行最好。插穗切取茎顶端2～3节或茎中段切成2～3节均可，基部保留，可继续萌发新枝培养土用河沙、蛭石或泥炭配制，插后10～15天生根。也可水插或剪取有气生根的枝条直接盆栽。

银脉合果芋

🦠 病虫害

常有叶斑病和灰霉病危害，发病初期用70%甲基硫菌灵可湿性粉剂800倍液或50%多菌灵可湿性粉剂800倍液喷洒。虫害有白粉虱和蓟马危害，发生时用40%氧化乐果乳油1500倍液或10%吡虫啉可湿性粉剂2000倍液喷杀。

 新手常见问题解答

1. 最近合果芋叶片变黄并掉叶了，是什么原因？

答：叶片变黄、掉落的原因很多，盆内枝条生长过多过密、长期摆放在光线较差的位置、浇水过多引起根部受损、室温过低或过高和通风不畅、遭受虫害等因素都会引起叶片变黄和脱落。

2. 听说合果芋的装饰用途很多，是这样吗？

答：合果芋特别适合阳台、居室点缀，既可吊盆悬挂，又可柱状造型，也可装饰庭园的墙篱、台阶、池边等阴湿处。大盆支柱式或垂吊栽培可供宾馆、车站、空港和商厦大厅绿饰，翠绿光润，素雅淡然，充分体现绿色植物清新舒适的感觉。此外，它还是瓶景装饰的新材料。

红豆杉

红豆杉是一种高大的常绿乔木，花卉市场出售的多为 3 ~ 4 年生苗株，由于树姿古朴端庄，叶色苍翠，秋果鲜红，很受青睐。

关键词：常绿乔木、观叶、观果、药用、容易栽培

 原产地：
中国。

 花期：
春季。

 习性：
喜凉爽、湿润和半阴环境。耐寒，怕强光和水涝。生长适温 16℃ ~ 26℃，冬季可耐 –15℃低温。

参考价格

茎干直径 2 厘米的 25 元/株，3 厘米的 45 元/株，4 厘米的 80 ~ 100 元/株。

摆放 / 光照

喜半阴，怕强光暴晒。盆栽植株宜摆放在离朝东或朝南阳台 1 米处。

浇水

生长期盆栽苗每次必须浇透，盆土保持湿润状态，但不能积水，冬季生长缓慢，要控制浇水量，盆土保持稍干燥。

施肥

生长期每月施肥 1 次，可用腐熟饼肥水或"卉友"20–20–20 通用肥。

换盆

冬季至翌年春季换盆，去除一小部分宿土，加入肥沃新土，盆栽需带土球，成活率高。

修剪

红豆杉树姿比较优美，一般不需要修剪，枝叶非常茂密时可适当疏剪。

❀ 繁殖

常用播种和扦插繁殖。种子采收后需沙藏 1～2 年后春播。扦插要从 10 年以下的植株上剪取插穗，成活率高。也可用嫁接，砧木用紫杉；还可压条繁殖。

❀ 病虫害

红豆杉抗病虫能力较强，有时有蚜虫危害，可用黄色板诱杀有翅成虫或用 25% 灭蚜灵乳油 500 倍液喷杀。

 新手常见问题解答

1. 怎样选购盆栽红豆杉？

答：春季购买时，要选株态端正、匀称，树皮灰褐色或红褐色，大枝开展，小枝排列紧密的。叶质稍厚，边缘不卷曲，深绿色，萌发的嫩叶黄绿色。树姿不正，小枝有缺损，老叶呈黄色，盆土疏松者不要买。

2. 买回盆栽红豆杉，第二年叶片怎么变黄了？

答：红豆杉喜欢腐殖质丰富的酸性土壤。盆栽一年之后土壤酸碱度发生了变化，原来的酸性土壤变成了偏碱性的土壤，结果红豆杉的叶片变黄了。可以施用适量的硫酸亚铁溶液来调整土壤的酸碱度，红豆杉叶片又会转绿了。

花叶络石

花叶络石是一种常绿的攀援藤本，盆栽新奇别致。常用于水培，更时尚、新颖，富有创意。

关键词: 常绿、攀援藤本、观叶、易繁殖、水培

 原产地:
人工培育的栽培品种。

 花期:
夏季。

 习性:
喜温暖、湿润和阳光充足的环境。耐寒、耐阴、耐干旱，畏水淹。生长适温20℃～25℃，冬季不低于10℃植株仍色彩鲜艳；能短时间耐0℃低温，但低温时间长易引起落叶。

💲 参考价格

盆径12～15厘米的每盆15～20元，18～20厘米的每盆30元左右，30～40厘米的每盆150元。

◉ 摆放/光照

阳光充足有利于新叶生长和开花，也耐阴。低温、强光时叶面斑色不明显，易出现枯萎或落叶。宜摆放在朝东或朝南阳台或窗台上方。

🔥 浇水

生长期盆土保持湿润，秋后要控制水分，冬季盆土以微干为好，若湿冷会引起落叶。

🗓 施肥

生长期每月施肥1次，花前增施1～2次磷钾肥或"卉友"15-15-30盆花专用肥。

🪣 换盆

15～20厘米的盆，每盆栽苗3株。用肥沃、疏松的腐叶土或培养土。栽后不宜多浇水，向叶面多喷雾有利于茎叶生长。植株长大时，每隔2年于春季换盆。

✂ 修剪

新枝长 30 厘米时设立支架让其攀援，枝条过密时进行疏剪或摘心修剪，对下垂枝蔓进行整形修剪。发现绿色叶片的枝条应及时剪去。盆栽 3 ~ 4 年的老株，需重剪进行更新。

❀ 繁殖

扦插繁殖，初夏采用顶端半成熟枝扦插，长 10 ~ 12 厘米，顶端留 3 ~ 4 片叶，剪除下部叶，插于沙床，3 ~ 4 周生根。取茎蔓在水中扦插也极易成活。还可在生长期将长茎蔓用波状压条繁殖。采种后即播，播种温度 13℃ ~ 16℃，实生苗会出现全绿叶。

☘ 病虫害

有时发生叶斑病，可用 75% 百菌清可湿性粉剂 800 倍液喷洒。发现红蜘蛛时用 5% 噻螨酮乳油 1500 倍液喷杀。

 新手常见问题解答

1. 花叶络石的叶片老是发黄掉落，请问是什么原因？怎样才能恢复？

答：叶片发黄掉落，主要是摆放的位置光照不足，必须搬到有充足阳光的窗台或阳台上，才能慢慢萌发出新叶。冬季室温偏低，浇水过多也会发生叶片发黄脱落。若施肥不足，同样会产生落叶现象。

2. 怎样选购盆栽花叶络石？买回的植株如何处置好？

答：选购造型美，枝叶繁茂，有下垂感，叶片翠绿，斑纹明显，无病斑，有光泽者为宜。买回的盆栽摆放和垂吊于通风、有明亮光照的场所，多向叶面喷雾，切忌干燥和暴晒。垂枝过长或过密，应适当修剪整枝，待长出新叶后再施肥。水培植株注意加水、换水和添加营养液。

······ **金钱树** ······

　　金钱树是一种块茎植物，叶片圆厚丰满，形似一串串铜钱，具有财源滚滚的寓意，在台湾民间视为吉祥植物。是近年来国内花市常见的观叶植物。

关键词：
观叶、水养、年宵花

 原产地：
坦桑尼亚、非洲东部。

 习性：
喜高温、湿润和半阴环境。不耐寒，怕干旱和强光。生长适温 18℃~ 30℃，冬季不低于 5℃。

 花期：
夏季。

💲 **参考价格**
　　盆径 15 厘米的每盆 25 元，盆径 20 厘米的每盆 40 ~ 50 元，盆径 25 厘米的每盆 50 ~ 70 元。

◉ 摆放／光照

喜半阴，怕强光。冬季摆放在朝南的窗台或有明亮光照的室内，春秋季摆放在朝东窗台或阳台夏季置于朝北的阳台，避开强光直射。

◉ 浇水

生长期每周浇水 1～2 次，保持盆土稍湿润，夏季空气干燥时向四周和叶面喷水，秋季减少浇水或用喷水代替浇水。冬季低温，若盆土过湿，根部易腐烂死亡。

◉ 施肥

生长期每半月施肥 1 次，用稀释的饼肥水或"卉友"15-15-30 盆花专用肥，施液肥时不要沾污叶片。低于 15℃时停止施肥。

◉ 换盆

每年春季换盆，盆栽用直径 15～25 厘米的深盆，盆土用腐叶土或泥炭土、肥沃园土和河沙的混合土，加少量腐熟饼肥屑。栽植深度以块茎顶部离盆土 2 厘米为宜。

◉ 修剪

随时清除基部黄叶和枯叶。

◉ 繁殖

春末至初夏分株，常结合换盆进行，将旁生的子块茎剥下或将长有芽眼的大块茎分切成带 2～3 个芽眼的小块茎，稍晾干后盆栽。初夏结合整枝，将剪下的枝条(带轴羽片)进行扦插，插后 2 周生根，长出块茎后盆栽。

◉ 病虫害

有时发生叶斑病，发病初期用 50% 多菌灵可湿性粉剂 1000 倍液喷洒。虫害有介壳虫，发生时用 40% 氧化乐果乳油 1000 倍液喷杀。

 新手常见问题解答

1. 金钱树如何水养？

答：将植株从盆中脱出，冲洗根部后用清水养，3～4 周后在水中加少量营养液。此时把粗大的块茎和 1/3 的根系露出水面，将 2/3 的根系浸在水中，为了固定植株，可用雨花石大小的卵石摆放在块茎的周围。夏季用清水养，每 5～7 天换 1 次水，以免烂根，并经常向叶面喷水和清洁叶面；春秋季每半月换 1 次水，每月加 1 次营养液。冬季改用清水养，室温不低于 10℃。

2. 怎样选购金钱树？

答：要求植株造型好，叶肥厚，亮绿色，无缺损，无病虫危害。购块茎时，要充实、饱满，清洁，芽眼多，无病虫痕迹，块茎的直径不小于 3 厘米。

冷水花

冷水花大银脉品种

铍叶冷水花

冷水花叶面呈铝质色调，植株小巧，适合盆栽或吊盆栽培，点缀几架、桌案，清新秀丽。在南方，常作庭院地被带状或片状栽植，青翠光亮，呈现天然野趣。

关键词：易养护、易繁殖

原产地：
越南。

习性：
喜温暖、湿润和明亮的光照。不耐寒，较耐阴，怕强光暴晒。生长适温15℃～25℃，低于8℃叶片易冻伤，严重时会叶片枯萎、腐烂。

花期：
夏季。

💲 **参考价格**
盆径12～15厘米的每盆5元，盆径18～20厘米的每盆10元。

☼ 摆放 / 光照

喜明亮的光照，在强光下叶片会变小，叶色不鲜艳；光照不足时叶片褪色，叶尖叶缘褐化，茎叶徒长，节间拉长，茎干柔软，株形松散，容易倒伏。宜摆放在朝南、朝东的窗台或阳台。

◍ 浇水

5 ~ 9 月生长期，盆土快干燥时充分浇水，保持湿润。夏季向叶面多喷水，冬季每半月浇水 1 次，盆土保持稍干燥，过湿会导致烂根，引起叶片发黄、落叶。

▣ 施肥

5 ~ 8 月间每隔 2 个月施肥 1 次，用稀释的饼肥水或"卉友" 15–15–30 盆花专用肥 2 次。

▣ 换盆

盆栽用直径 15 ~ 20 厘米的盆，用泥炭、河沙加少许有机质的混合土。每年春季换盆，仅留基部 2 节进行短截，或剪除部分根系，修剪过高、过密的枝叶，压低株形，保持匀称。

✄ 修剪

盆栽植株生长快，苗高 15 厘米时摘心，促使分枝，当叶面布满盆口时，为了保持匀称的座垫状（指植株的茎叶修剪匀称、平展，似座垫一样），需不断疏剪过长的枝条。

❀ 繁殖

春秋季剪取长 10 ~ 12 厘米长的半成熟枝，插于粗沙或泥炭中，保持 18℃ ~ 22℃，插后 1 周生根，3 周后可盆栽。若用多株扦插苗盆栽，则成型快，翌年还可分株。

▣ 病虫害

生长期有叶斑病、根腐病危害，可喷洒波尔多液预防，或用 65% 托布津可湿性粉剂 1000 倍液喷洒。虫害主要有金龟子和红蜘蛛，危害叶片，可人工捕杀或用敌百虫原药 1000 倍液喷杀。

 新手常见问题解答

1. 我的冷水花怎么到冬天就落叶？

答：冷水花原生于温暖的地区，如果低于 7℃ ~ 8℃，还能勉强维持不掉叶，但时间长了叶片会变黄，翌年春季叶片仍会脱落。若低于 5℃，叶片很快变黄、掉落。要想冷水花不落叶，温度必须在 8℃以上。

2. 刚买回的冷水花如何处置好？

答：买回的盆栽宜摆放在有纱帘的窗台上，避开强光直射；浇水不能过量，可向叶面多喷雾。待长出新叶后才能施 1 次薄肥，肥液切忌沾污叶面。每周转动花盆半周，防止植株长歪。

绿萝

绿萝是大家再熟悉不过的观叶植物了，不仅易栽、耐阴、可水养，还能吸收甲醛、氨气，净化空气。

关键词：
垂吊、净化空气、水养、怕冷

 原产地：
所罗门群岛。

 习性：
喜温暖、湿润和半阴环境。不耐寒，怕干燥，忌强光。生长适温 15℃～25℃，超过 30℃和低于 15℃生长缓慢。低于 10℃叶片开始柔软而卷曲，茎腐烂。春季超过 12℃时开始萌发新芽。

 花期：
夏季。

$ 参考价格
盆径 12～15 厘米的每盆 15 元左右。

⊙ 摆放／光照
喜半阴，对光照反应敏感、怕强光暴晒。宜摆放在朝东的窗台、阳台或室内明亮处，冬季放朝南向阳的地方。

浇水

春夏季枝叶生长旺盛期，每周浇水1次，保持盆土湿润；水分不足或空气干燥，叶尖会褐化并枯萎。冬季每半月浇水1次，盆土保持稍干燥，如果过湿，叶片易黄化并掉落，茎腐烂。

换盆

用盆径10～15厘米的盆，吊盆用盆径15～18厘米的。用培养土、腐叶土和粗沙的混合土。每隔2年在春季换盆，剪除部分根系，剪去过长的下垂枝和黄叶，保持株形匀称。

修剪

株高15～20厘米时摘心，促使多分枝，下垂分枝长短不一或过长时，修剪整形。盆栽2～3年，枝条过多过密时，下部叶片枯黄脱落或萎黄，可重剪更新。

施肥

5～8月每半月施肥1次，用稀释的腐熟饼肥水或"卉友"20-20-2通用肥，促进茎叶生长，若氮肥使用过多，茎节生长过长，容易折断，反而影响株态。

繁殖

常用扦插和压条繁殖。在5～10月进行扦插，将茎节剪成20厘米一段，插于盛有河沙的盆内或用水苔包扎，放在25℃～30℃和较高的空气湿度下，插后1个月左右生根并萌发新芽。也可水插，剪取长20～30厘米的茎蔓，去掉1～2枚基部叶片，直接插于盛清水的瓶中，每2～3天换1次水，约3～4周长出新根后盆栽。压条于春季或夏季直接将茎蔓铺设在沙台（用黄沙或河沙铺设的平台）或水苔中，待

生根萌芽后分段剪取。

病虫害

生长期主要有线虫引起的根腐病和叶斑病。根腐病可用3%呋喃丹颗粒剂防治，叶斑病用75%百菌清可湿性粉剂800倍液喷洒防治。虫害有红蜘蛛，发生时用40%三氯杀螨醇乳油1000倍液或40%扫螨净乳油3000～4000倍液喷杀。

 新手常见问题解答

1. 最近绿萝叶片变黄了，还掉叶，是什么原因？

答：叶片变黄、掉落的原因很多，枝条过多过密、长期摆放在光线较差的位置、浇水过多引起根部受损、室温过低或过高以及通风不畅、遭受虫害等都会引起叶片变黄和脱落。看看你的绿萝是属于哪种情况。

2. 刚买回的绿萝如何处理它？

答：吊盆悬挂在距朝南或朝东南窗台1米的上方，盆土保持湿润，浇水不能过多。空气干燥时向叶面喷雾，待长出新枝叶后才能施1次薄肥，肥液不能沾污叶面。

······ 美叶苏铁 ······

美叶苏铁树姿扶疏俊美，宽阔的羽状复叶翠绿有光，清新高雅。由于耐阴、耐看，已成为十分流行的室内绿色植物。

关键词：
木本植物、耐阴、易养

 原产地：
墨西哥、哥伦比亚。

 习性：
喜温暖、湿润和阳光充足的环境。不耐严寒，耐干旱。生长适温13℃～24℃，冬季不低于2℃，0℃以下叶片易受冻害。

 花期：
夏季。

💲 **参考价格**
盆径12～15厘米的每盆20～25元，盆径20～25厘米的每盆50～80元。

☀ 摆放 / 光照

喜阳光充足，也耐阴。宜摆放在阳光充足并通风的阳台和室内。

💧 浇水

生长期盆土以稍湿润为宜，春夏季除浇水外，每天喷水 2 ~ 3 次。入秋后气温下降，应减少浇水。冬季以稍干燥为好，低温潮湿容易烂根。

🧪 施肥

生长期每月施肥 1 次，可用腐熟饼肥水或"卉友"20-20-20通用肥。

🪴 换盆

盆栽用直径 15 ~ 40 厘米的盆，用腐叶土或泥炭土加少量粗沙的混合土。盆底多垫瓦片，以利排水。美叶苏铁生长较缓慢，中小型盆栽植株每 2 年换盆 1 次，大型盆栽植株每 3 ~ 4 年换盆 1 次，盆钵以长方形浅盆为好。

✂ 修剪

当新的羽状复叶生长 2 轮时，基部叶片往往老化，叶片变黄，应逐个剪除。在老干基部茎盘上，常萌发不定芽，如不繁殖，应及时剪除。

🌱 繁殖

种子较大，春季采用室内盆播，覆土 2 厘米，发芽适温 24℃ ~ 30℃，播后约 2 周发芽。也可分株繁殖，4 ~ 5 月分割主茎旁的吸芽，切割时少伤茎皮，等切口稍干燥后插入沙床，保持 26℃ ~ 30℃，生根后盆栽。

🦐 病虫害

常有叶斑病危害，发病初期用 70% 甲基托布津可湿性粉剂 1000 倍液喷洒。虫害有介壳虫和根结线虫，介壳虫用 40% 氧化乐果乳油 1000 倍液喷杀，根结线虫用 3% 呋喃丹颗粒剂防治。

 新手常见问题解答

1. 美叶苏铁到第二年春季有的叶片发黄了，是什么原因？

答：叶片发黄的因素很多，譬如冬季室内温度过低或者时高时低；盆钵摆放位置过阴或靠近空调口；浇水过勤造成盆底积水或者盆土过于干燥；新装修的房子有害气体浓度过高等，都有可能造成叶片发黄，必须找出原因再作处理。

2. 怎样选购美叶苏铁？买回的植株如何处置好？

答：选购盆栽美叶苏铁或盆景，以茎干粗壮、造型好、叶片完整无缺损、无虫斑、深绿色为好。盆栽尽量摆放在阳光充足和通风的场所。秋季购买的盆株，冬季可放室内养护，室温不低于 2℃ 也不会受冻，仍可安全越冬。若处于新叶萌发期，缺少阳光叶片会变得细长，羽状小叶间隙大，株态难看。美叶苏铁耐干旱能力较强，刚买的植株不需浇水太多。

榕 树

榕树在原产地热带是一种大型常绿乔木，如今扦插小苗通过造型成为时尚的小盆栽。

关键词: 常绿乔木、迷你造型、栽培容易

 原产地:
中国、印度、马来西亚。

 习性:
喜温暖、湿润和阳光充足的环境。不耐寒，耐阴，忌水湿。生长适温20℃～25℃，超过30℃生长仍然很好，冬季不低于5℃，否则易受冻，造成大量落叶。

 花期:
果为隐花果，幼果的着生就是花期的开始，因为花和花序都在果中，我们看不到。

💲 参考价格
盆径12～15厘米的每盆20～30元，盆径18～20厘米的每盆40～50元。

☀ 摆放 / 光照

喜光又耐阴。盆栽冬季摆在居室，室温不低于10℃，其他时间可在庭院或阳台养护。

💧 浇水

生长期需充分浇水，宁湿勿干。夏季每2～3天浇水1次，定期将盆钵浸泡在水中，使盆土充分浸透。生长旺盛期向叶面多喷水，增加空气湿度，有利于新叶生长。如果盆土干燥脱水，易造成落叶，顶芽也会变黑干枯。冬季每10天浇水1次，可喷雾增加空气湿度，空气干燥，叶片易变黄脱落。

🪣 施肥

生长期每旬施肥1次或用"卉友"15-15-30盆花专用肥。

🪴 换盆

盆栽用15～20厘米的盆，用腐叶土、培养土和粗沙的混合土。盆径15～20厘米的每年春季换盆，30厘米的每2年换盆1次。

✂ 修剪

茎叶生长繁茂时进行修剪，平时对密枝、枯枝及时剪除，以利通风透光。

🌸 繁殖

5～6月剪取健壮成熟的顶端枝条，长10～12厘米，剪除部分叶片，留顶端2～3片叶，剪口要平，待切口干燥后插入沙床，插后4周可生根。5～7月采用高空压条法。在离枝顶20～25厘米处行环状剥皮，长1.5厘米，用湿润的腐叶土和薄膜包扎固定，约2～3周生根，4周后剪离母株直接盆栽。

🐛 病虫害

常有叶斑病危害，发病初期可用波尔多液喷洒防治。生长期有红蜘蛛危害，用40%三氯杀螨醇乳油1000倍液喷杀。

 新手常见问题解答

1. **怎样选购榕树? 买回的植株如何处置好?**

答：以造型好，枝叶繁茂，叶片翠绿，无病斑，有光泽者为宜。盆栽摆放居室，注意盆土不能干燥或浇水过多，冬季必须入室，室温低于10℃都会引起叶片黄化和产生斑点。以保持13℃～16℃室温和60%～70%的空气湿度最好，盆株恢复快。

2. **榕树搬进室内才一个多月就开始落叶, 是什么原因?**

答：落叶有多种因素，譬如盆土太干、空气太干燥、室温过低、红蜘蛛危害严重、冷风吹袭和室内光线太差等，都会导致榕树落叶，必须摸清原因后再"对症下药"。

散尾葵

散尾葵是一种棕榈植物，植株比较高大，盆栽常用于布置客厅、书房和室内花园。在南方，地栽作庭院景观植物配置，呈现出一派热带景观。

关键词:
棕榈植物、观叶、耐阴

 原产地:
马达加斯加。

 习性:
喜高温、多湿和半阴环境。不耐寒，耐阴，怕强光，忌积水。生长适温10℃ ~ 24℃，空气湿度在50%以上。冬季不低于10℃，叶片仍青翠碧绿。低于5℃叶片易受冻害，叶缘出现焦枯或腐烂。

 花期:
夏季。

💲 参考价格
盆径15 ~ 20厘米的每盆50 ~ 80元，盆径25厘米的每盆100 ~ 120元。

☀ 摆放／光照

喜半阴，怕强光，明亮的光照对生长最有利，夏季遮光50%，春秋季遮光30%，冬季全光照。宜摆放在居室有明亮光照处。

💧 浇水

生长期盆土保持湿润，夏季除浇水外，还要向叶面多喷水，有利于茎叶生长。盆内不可积水。

📋 施肥

4～9月每半月施肥1次，用腐熟饼肥水或"卉友"20–20–20通用肥。冬季搬入室内，温度偏低时停止施肥。

🪴 换盆

用直径20～30厘米的盆，用泥炭土、腐叶土和河沙的混合土。盆栽每隔2～4年在春季换盆，盆底多垫煤渣，便于排水，放温暖处恢复。

✂ 修剪

换盆时除清除枯枝残叶以外，还要剪除中部过于密集的枝丛和外围较差的株丛，有利于通风透光和新枝丛的萌发。随时剪除黄叶、枯叶和断叶。

🌱 繁殖

春季选择株丛密集、分蘖苗多的植株，从盆内托出，分割成数丛，每丛有3～4株苗，直接盆栽。种子成熟后即播或春季播种，播种前种子先浸泡12小时，发芽适温22℃～25℃，播后8～10周发芽。

🐛 病虫害

常见叶斑病危害，特别是叶尖和叶缘处最易受害，发病初期用50%克菌丹可湿性粉剂500倍液喷洒防治。室内如通风不畅，叶片易遭受介壳虫危害，发生时可用40%氧化乐果乳油1000倍液喷杀。

 新手常见问题解答

1. 我盆栽的散尾葵，过冬后叶片变黄了，是什么原因？

答：叶片变黄的因素很多：浇水过多，盆内长期过度潮湿或积水；浇水不透，表面湿，但根部土壤过于干燥；室内通风不畅，遭受红蜘蛛、粉虱为害；植株过于集密、拥挤，多年没有换盆；室温过低，植株受冻或冷风吹袭等原因都会造成散尾葵叶片变黄。

2. 怎样选购散尾葵？买回的植株如何处置好？

答：盆栽要求株形挺拔，茎干丛生似竹状，叶片繁茂、紧凑、无缺损。叶色深绿，无病虫或其他污斑。植株的高度要与居室环境相协调，由于枝叶茂盛、丛生，携带时防止叶片撕裂或折断。散尾葵买回家，摆放在有纱帘的阳台或明亮的居室，遮光30%，避开阳光直射，也不能靠近热风或冷风吹袭的位置。室温必须在10℃～15℃以上。春季至秋季向叶面多喷水，冬季适度喷雾。盆土不宜过湿，空气湿度高些有利于叶片恢复，待长出新叶后再施薄肥。

肾 蕨

关键词: 观赏蕨、耐阴、耐湿、养眼

 原产地:
热带地区。

花期:
着生孢子,无花。

 习性:
喜温暖、湿润和半阴环境。不耐寒、怕强光。春夏季生长适温16℃~24℃,秋冬季为13℃~16℃,冬季不低于7℃。不低于12℃,叶片可保持翠绿。室温7℃以下也能勉强过冬。自然萌芽力强。

肾蕨是观赏蕨初学者首选的种类,易栽、易养、易繁殖。叶形变化丰富,各具特色,用吊盆悬挂于客厅或书房,简洁自然、清爽宜人。

参考价格

盆径12~15厘米的每盆10~15元,波士顿等良种每盆20~30元。

摆放 / 光照

喜半阴,怕强光暴晒。宜摆放或悬挂在朝南、朝东南窗台的上方或装饰在明亮居室的花架上。

浇水

生长期每周浇水1次,每半月将花盆浸泡10分钟,保持盆土湿润。当根茎上萌发出新叶或空气干燥时,需多喷水,并注意通风。防止羽状叶发生卷边、焦枯。

施肥

4~9月每半月施肥1次,可用"卉友"20-20-20通用肥或20-8-20四季用高硝酸钾肥。腐熟的饼肥水也行,施肥后用清水喷洒下叶面,以免肥液沾污。

换盆

吊盆用直径15～20厘米的，每盆栽匍枝5～8丛，用腐叶土或泥炭土、培养土和河沙的混合土，栽植后放半阴处。植株过大或拥挤，可疏叶或分株，一般2年换盆1次。

修剪

生长期要随时摘除枯叶、黄叶和折断的枝叶，修剪调整株态，保持叶片清新翠绿。

繁殖

全年均可分株，以初夏最好，将母株轻轻剥开，分开匍匐枝，可直接栽植。孢子繁殖，选择腐叶土或泥炭土加砖屑为播种基质，装入播种容器，将收集的成熟孢子均匀撒入播种盆内，喷雾保持土面湿润，约8～10周长出孢子体，幼苗生长缓慢，需细心养护。

病虫害

易发生生理性叶枯病，注意盆土不宜太湿，并用65%代森锌可湿性粉剂600～800倍液喷洒。虫害有蚜虫和红蜘蛛，发生时可用肥皂水或40%氧化乐果乳油1000倍液喷杀。

 新手常见问题解答

1. 肾蕨叶片发黄了，怎么办？

答：当肾蕨叶片发黄、边缘开始枯萎时，首先剪除枯萎的叶片，将植株从盆中托出，去除四周的宿土，剪除腐烂的根系。同时，将大一号的花盆底部垫一层大颗粒土，放进部分配制好的土，把处理好的植株栽进盆内，最后用土填充塞紧，浇透水，放半阴处恢复。如果植株出现多数叶片枯萎或损伤，可从接近根部处剪除，用塑料袋包起来，保湿保温，不久就会长生新芽，形成新的株丛。

2. 听说肾蕨还能水培？具体如何操作？

答：先将肾蕨从盆中脱出，剪除枯叶、黄叶和过密的叶片，冲洗根系。准备好适合水培的容器（底部不能有洞或漏水的）和能固定肾蕨的蛭石、彩虹沙、彩石等材料。将植株栽进蛭石等材料中并加入清水即行。生长期每半月加1次观叶营养液，有枯黄老叶时随手剪除。

铁十字秋海棠

铁十字秋海棠是著名的室内观叶盆栽。在南方，常成片配植于庭院的林下，形成翠绿的"地毯"，独具魅力。

关键词：
多年生观叶植物、怕冷、易繁殖

 原产地：
中国、新几内亚。

 习性：
喜温暖、湿润和半阴环境。不耐寒，怕高温和干旱，忌强光暴晒。生长适温 14℃ ~ 22℃，超过 32℃生长缓慢。冬季要保持 10℃以上，低于 10℃叶片易受冻害，叶缘出现枯黄和焦斑。

 花期：
夏季。

$ 参考价格
盆径 12 ~ 15 厘米的每盆 20 ~ 25 元。

◉ 摆放 / 光照

喜半阴，忌强光暴晒。生长期遮光 50% ~ 70%，强光易灼伤叶片。宜摆放在有纱帘的窗台或明亮的居室内，切忌放在太阳下和热风或冷风吹袭的位置。

◉ 浇水

生长期盆土保持湿润，夏季 3 ~ 4 天浇 1 次水，冬季植株处半休眠状态，少浇水或停止浇水，盆土过湿会导致根茎腐烂。秋季向地面喷水，保持空气湿度 60% ~ 70% 有利于新叶生长，湿度不足或光照过强时，叶片会出现黄叶或焦斑。

◉ 施肥

4 ~ 8 月每半月施肥 1 次，也可用"卉友"20-20-20 通用肥。

◉ 换盆

盆栽用 12 ~ 15 厘米的盆，用培养土、泥炭土和粗沙的混合土。每年春季换盆，剪去部分老叶，分开根茎，将带有 2 ~ 3 条健壮根系和部分叶片的仔株直接盆栽。

◉ 修剪

夏季叶片交叉拥挤，影响新叶生长，需摘除基部的老叶，栽培 4 ~ 5 年后，植株长势明显减弱，应重新扦插更新。

◉ 繁殖

春季结合换盆时分株，将根茎从盆内托出，选择鲜嫩具顶芽的根茎 10 厘米左右，切下，切口稍干燥后盆栽。每盆以 2 ~ 3 段根茎为宜，带叶不少于 4 ~ 5 枚，刚分株的苗浇水不宜过多，放半阴处恢复。初夏进行叶插繁殖选择健壮成熟的叶片，距叶柄 1 厘米处剪下，将叶片剪成直径 6 ~ 7 厘米大小，插入沙床，叶柄向下，一半叶片露出土外，约 3 ~ 4 周生根，插后 2 个月长出 2 片小叶时移栽。

◉ 病虫害

常有灰霉病、白粉病和叶斑病，可用 1% 波尔多液喷洒预防，发病初期用 50% 多菌灵可湿性粉剂 1000 倍液喷洒。虫害有蓟马，发生时用 40% 氧化乐果乳油 1000 倍液喷杀。

 新手常见问题解答

1. 铁十字秋海棠叶片突然发黄了，是什么原因？

答：铁十字秋海棠喜温暖、湿润和半阴的环境。如果你养护的环境出现温度偏低、空气干燥和受到强光直射，其结果叶片就会发黄。要提高室内温度、向植株周围和地面喷雾，提高空气湿度和适度的遮光处理，才能使长出的新叶恢复原样。

2. 怎样选购铁十字秋海棠？

答：购买盆栽植株首先要求株形丰满，叶片繁茂、紧凑、无缺损。然后看一下叶片大小是否均衡，叶色鲜艳，斑纹清晰，无病虫和其他污斑。由于叶片柔嫩，携带时要小心，防止叶片撕裂。

铁线蕨

铁线蕨叶片像"银杏叶"一样，株形柔媚，十分迷人，盆栽点缀窗台、门厅、台阶，翠绿清秀，给人清爽的感觉。在南方，配置于庭园的假山隙缝，其倒垂的碧叶细枝显得幽雅自然。

关键词: 观赏蕨、耐阴、耐湿、养眼、可水培

 原产地:
世界各地的热带和温暖地区。

 习性:
喜温暖、湿润和半阴环境。不耐严寒、怕强光暴晒和干旱。生长适温白天22℃～27℃，夜间10℃～16℃，冬季不低于10℃叶片仍保持翠绿。室温 –2℃能勉强过冬，但叶片枯萎，翌春能萌发新叶。

 花期:
着生孢子，无花。

$ **参考价格**

盆径 12 ~ 15 厘米的每盆 20 ~ 25 元。

⊙ **摆放 / 光照**

喜半阴环境,怕强光暴晒。宜摆放在朝南、朝东南窗台的上方或装饰在明亮居室的花架上。

❀ **浇水**

生长期喜多湿,夏季每周浇水 3 次,冬季每周 1 次;需经常喷水,空气湿度保持 60% ~ 70%。空气湿度在 30% ~ 40% 时,摆放 4 ~ 5 天叶片就会枯萎。

🌱 **施肥**

生长期每月施肥 1 次,用"卉友"15–15–30 盆栽专用肥或腐熟饼肥水。

🪴 **换盆**

盆栽用肥沃的园土、中等树皮颗粒、木炭、石灰石屑、河沙、腐叶土等混合基质。当根长出盆外时进行换盆。

✂ **修剪**

生长期随时摘除枯叶、黄叶和折断的枝叶,修剪调整株态,保持叶片清新翠绿。

大叶铁钱蕨

🌸 **繁殖**

早春换盆时将植株从盆中托出,掰开根茎,去除老化根茎,剪掉过多的须根,剪除枯枝和断枝,可直接盆栽。如果植株过大,可分成 2 ~ 3 株分别盆栽,但花盆不宜过大。换盆后暂放半阴处,避开干风吹刮,适当喷水,保持较高的空气湿度,待长出新枝后即可观赏。

🐛 **病虫害**

主要有叶枯病危害,发病初期用波尔多液喷洒 1 ~ 2 次防治。虫害有介壳虫,可用 40% 氧化乐果乳油 1000 倍液喷杀。

🌵 **新手常见问题解答**

1. **铁线蕨叶片发黄了,怎么办?**

答:铁线蕨叶片发黄的原因很多,如叶片受到强光的暴晒,就会干枯或变黄;盆栽经常搬动,更换地方,叶片容易发黄;空气过于干燥,叶片容易发生干枯;盆土养分和水分不足,也会出现叶片变黄;气温过高或病虫危害也能导致叶子变黄等,必须对症下"药",找出原因,改变养护措施,逐步恢复其生长势,达到满株新叶展翠。

2. **铁线蕨水培怎么做?**

答:先将铁线蕨从盆中脱出,剪除枯叶、黄叶和过密的枝叶,冲洗根部。同时准备好水培容器以及能固定植株的蛭石、彩虹沙、彩石等材料。把植株栽进蛭石等材料中,适当加入清水即行。生长期每半月加 1 次观叶营养液。发现枯黄老叶随手剪除。

网纹草

网纹草是目前欧美十分流行的垂吊性观叶植物，在国内也很常见，娇小别致的叶片多彩美丽，像绘制了一幅美丽的图画。不过，携带或养护时要小心，避免碰伤柔嫩的叶片。

关键词：
时尚观叶盆栽、可垂吊、水养

 原产地：
秘鲁的热带雨林中。

 习性：
喜高温、多湿和半阴环境。不耐寒、怕强光暴晒、耐阴。生长适温18℃～25℃，低于13℃会引起落叶甚至全株受冻枯萎死亡。北方冬季有暖气，室内可过冬，长江流域室内供暖也只能勉强越冬，南方摆放于向阳窗台即可过冬。

 花期：
夏秋季。

💲 参考价格

盆径 9 ~ 12 厘米的每盆 10 ~ 15 元，盆径 12 ~ 15 厘米的吊盆每盆 20 ~ 30 元。

☀ 摆放 / 光照

网纹草喜半阴，最好摆放在朝东的窗台、阳台或室内明亮处，冬季放朝南向阳的场所。

💧 浇水

生长期茎叶生长迅速，需充分浇水和叶面喷水，若盆土过于干燥，叶片会卷曲、枯萎或脱落；若浇水过多，盆土太湿，叶片易黄化、萎调甚至腐烂死亡。

📋 施肥

生长期每半月施肥 1 次，可选用腐熟稀释的饼肥水或"卉友" 20-20-20 通用肥。

🪴 换盆

垂吊栽培用 12 ~ 15 厘米的盆，每盆栽苗 3 ~ 5 株。用肥沃的园土、泥炭土或腐叶土、粗沙的混合土，每年春季换盆。

✂ 修剪

通过不断摘心、修剪保持优美的株形，并随时清除老叶和枯黄叶。栽培 2 年的老株，应重新扦插更新。

🐛 繁殖

春季剪取匍匐茎的顶端枝条，长 10 厘米左右，留 3 ~ 4 个茎节，去除下部叶片，待茎节的剪口稍晾干后插入盛有河沙或泥炭的盆中，保持室温 20℃，插后约 2 ~ 3 周生根。茎叶生长密集的植株，不少匍匐茎节上已长有不少不定根，把带根的枝条剪下可直接盆栽。春夏季，对较长的蔓茎可采用波状压条繁殖。

🦠 病虫害

常有叶腐病和根腐病危害。叶腐病用 25% 多菌灵可湿性粉剂 1000 倍液喷洒，根腐病用链霉素 1000 倍液浸泡根部杀菌。虫害有介壳虫、红蜘蛛和蜗牛，介壳虫和红蜘蛛用 40% 氧化乐果乳油 1500 倍液喷杀，蜗牛可人工捕捉或用灭螺丁诱杀。

 新手常见问题解答

1. 网纹草能否用水养?

答：完全可以，先将网纹草脱盆取出，把根洗净后水养，也可剪取较长的茎节插在清水中，待长出新根后即可水养。容器用艺术浅盆加洁白卵石固定，生长期每 7 ~ 10 天换 1 次水，每隔 2 周补充 1 次营养液，注意营养液不要沾污叶片。夏季放在通风凉爽的窗台，避开阳光直射和闷热。植株长高时将顶端 2 片小叶摘除，促使分枝，使株态更美。当植株老化、基部叶片黄化脱落时，应重新扦插新枝加以更新。

2. 刚买回的网纹草如何放置与养护?

答：网纹草买回家，摆放在有纱帘的窗台或明亮居室的电脑桌、书桌、隔断等位置，不要放在太阳下和热风或冷风吹袭的地方。空气干燥时向叶面或地面喷雾，增加空气湿度，有利于叶片生长，但夜间叶面不能滞留水分。盆土不能干燥，也别过湿。待长出新叶后可施 1 次薄肥。

······ 文 竹 ······

文竹叶枝密，形象幽雅。纤细秀丽的枝叶，也是花篮、花束、花环的最佳陪衬材料。

关键词：
喜半阴、易栽培

 原产地：
非洲南部。

 习性：
喜温暖、湿润和半阴环境。不耐寒，怕强光暴晒，忌积水。生长适温20℃～25℃，冬季不低于4℃，夏季如高温干燥，叶状枝易发黄脱落。

 花期：
秋季。

💲 参考价格
盆径9厘米的每盆5～8元，盆径12～15厘米的每盆15～20元。

⚙ 摆放 / 光照

喜半阴，怕强光，长时间在室内摆放容易造成叶状枝枯萎脱落。夏季摆放在朝东或朝北的阳台，其他时间可放朝东或朝南的阳台和窗台。

⚙ 浇水

生长期保持盆土湿润，但不能积水，盛夏向株丛喷水，秋季气温下降，逐渐减少浇水，冬季根据室温的高低控制浇水，避免盆土过湿。

⚙ 施肥

生长期每月施肥1次，选用"卉友"20-20-20通用肥或腐熟的饼肥水。植株定型后应控制施肥量，以免徒长或抽出长蔓，影响姿态。文竹开花前增施1次磷肥，可提高结实率。

⚙ 换盆

吊盆栽培常用直径15～18厘米的盆，株苗要均匀栽植。用腐叶土3份、河沙2份配置的混合土。吊盆每2年换盆1次，换盆时剪除密株和长枝，盆栽10年左右更新1次。

✂ 修剪

春季换盆时，适当修剪整形。新蔓生长迅速，必须及时搭架，以利通风透光，对枯枝、老蔓适当修剪，促使萌发新蔓。

❀ 繁殖

常用播种和分株繁殖。播种，秋季或早春室内盆播，由于种子较大、坚硬，播种前，先用清水浸泡1天，点播在盆内，覆土不宜过深，发芽适温20℃～22℃，播后2～3周发芽，苗高5厘米时，用直径10厘米的盆栽3～4株苗，2年可成型。分株在早春结合换盆进行，将母株托出，切开株丛，剪去萎缩的老根，2～3株丛种1盆。切割时少伤茎皮和根系。

⚙ 病虫害

常有灰霉病和叶枯病危害叶状茎，发病初期用70%甲基托布津可湿性粉剂1000倍液喷洒。虫害有介壳虫、红蜘蛛，发生时可用40%氧化乐果乳油1000倍液喷杀。

新手常见问题解答

1. 如何防止枝叶发黄脱落？

答：文竹枝叶发黄脱落的原因有：盆土板结不透气；长期不施肥，盆土瘠薄，枝叶自然发生枯黄；长时间在强光或过阴处摆放；室内长期有人抽烟或新装修居室的污染，要改善居室环境和调整养护措施才能慢慢恢复生机。

2. 为什么人家的文竹结种子，而我养的却没有？

答：不结种子的原因有以下几点：一是刚栽的文竹，没有到开花结种的时间；二是开花时枝叶过密、摆放位置通风差和不合理的喷水，影响了花朵的正常授粉，必然影响结种；三是盆土营养不足，尤其缺乏充足的磷肥，其结果就是只开花不见果。

西瓜皮椒草

　　西瓜皮椒草是椒草中的名种,世界广泛栽培的小型观叶植物。盆栽点缀书桌或案头,清新悦目,娇嫩可爱。吊盆栽培,装饰窗台、阳台,显得洒脱飘逸,颇富情趣。

关键词:
观叶、肉质叶、国际流行、
叶插

 原产地:
南美北部。

 花期:
夏末。

 习性:
喜温暖、湿润和半阴环境。不耐寒,稍耐干旱,忌阴湿,怕强光。生长适温 15℃~24℃,夏季超过 30℃或冬季低于 13℃,叶片生长缓慢。低于 8℃叶片易冻伤,严重时造成腐烂、死亡。

$ 参考价格

盆径 9 厘米的每盆 5 元，盆径 12 ～ 15 厘米的每盆 15 ～ 20 元。

摆放 / 光照

喜半阴，忌阴湿，怕强光。春季至秋季遮光 40% ～ 50%，摆放在朝南或朝东的窗台，夏季放朝北窗台，冬季放在阳光充足的窗台，不遮光。

浇水

春秋季每周浇水 1 次，夏季盆土保持湿润，冬季每半月浇水 1 次，盆土稍干燥，过湿会导致烂根，引起叶片发黄、腐烂。盆土过于干燥，叶片会失去光泽。

施肥

5 ～ 8 月生长期每半月施肥 1 次，用稀释的饼肥水或用"卉友"20-20-20 通用肥。若氮肥过多，斑纹色彩不明显，叶柄长得长短不一，影响株态。

换盆

盆栽用直径 12 ～ 15 厘米的盆，用腐叶土、培养土和粗沙的混合土，每年春季换盆。剪除部分根系，修剪过密或重叠叶片，保持株形匀称。

修剪

当叶片交叠过密时，随时剪除过密的叶片，用于扦插繁殖。对叶柄过长的叶片适当疏剪。

繁殖

春夏季剪取成熟叶片，带叶柄 2 厘米，插于盛沙的盆内，叶柄和叶片的 1/3 入沙中，2/3 露出沙面，约 3 ～ 4 周生根，1 个多月后长出小植株。春季换盆时，将叶丛密集的母株切开，带根栽植于泥炭、河沙各半的盆土中，放半阴处恢复。

病虫害

常见环斑病毒病，受侵植株产生矮化、叶片扭曲现象。种植前盆钵、用土要消毒和喷洒波尔多液预防。发病初期用 65% 代森锌可湿性粉剂 600 倍液喷洒。春、夏季室内通风不畅，易发生介壳虫、红蜘蛛和粉虱危害，可用 40% 氧化乐果乳油 1000 倍液喷杀。

 新手常见问题解答

1. 发现西瓜皮椒草的叶色变黄、叶柄下垂, 这是什么原因?

答：发生叶片变黄、叶柄下垂的因素很多，如果长期摆放在光线较差或光照过强的场所、浇水过量或盆土过于干燥、叶片生长过密和室内通风不畅等原因，都会造成叶片变黄和叶柄下垂，必须应对及时处理。

2. 刚买回的西瓜皮椒草如何处置好?

答：刚买回的盆栽植株摆放在有纱帘的窗台，避开强光直射；浇水不能过多，可向叶面多喷雾。待长出新芽后才能施 1 次薄肥，肥液不能触及叶面。每周转动花盆半周，防止植株发生趋光现象。

橡皮树

橡皮树养的人很多，除我们常见的大型盆栽外，还有可摆放在书桌上的小盆栽，带给人清新舒畅的感受。

关键词：
乔木、喜光、耐阴

 原产地：
喜马拉雅山东部、印度、缅甸、马来西亚。

 习性：
喜温暖、多湿和阳光充足的环境。较耐寒，耐半阴和水湿。生长适温13℃～22℃，夏季超过30℃生长仍然很好。低于5℃易发生冻害，导致大量落叶。

 花期：
春季。

$ 参考价格
盆径15～20厘米的每盆40～50元，盆径25厘米的每盆80～90元。

⊙ 摆放/光照

对光照的适应性较强，光照充足比光线不足或长期摆放阴暗处生长要好，叶色好，有光泽。盆栽宜摆放于有明亮光照的居室。

⊙ 浇水

生长期需充分浇水，并向叶面多喷水，夏季 2 ～ 3 天浇 1 次水，定期将盆浸泡在水中，使盆土完全浸透。冬季每 10 天浇水 1 次，可喷雾增加空气湿度，如果空气干燥或盆土过湿，叶片易变黄脱落。

⊙ 施肥

生长期每半月施肥 1 次，增施 3 ～ 4 次磷钾肥，也可用"卉友" 15-15-30 盆花专用肥。但氮肥用量过多茎叶易徒长，造成茎节伸长，叶片柔软，影响姿态。

⊙ 换盆

盆栽用 15 ～ 20 厘米的盆，用腐叶土、培养土和粗沙的混合土。盆径 15 ～ 20 厘米的苗株每年春季换盆，盆径 30 厘米的每 2 年换盆 1 次。

⊙ 修剪

茎叶生长繁茂时要修剪，及时剪除密枝、枯枝，以利通风透光。

⊙ 繁殖

扦插繁殖，5 ～ 8 月选取长 15 ～ 20 厘米的顶端成熟枝条，剪除下部叶片，留顶端 2 片叶，并剪去一半。剪口要平，剪口常分泌白色乳汁，需用清水洗净，晾干后再插入沙中。插后 4 周生根，半个月后上盆。5 ～ 7 月采用高空压条法繁殖，在离枝顶 15 厘米处行环状剥皮，长 1.5 厘米，用湿润腐叶土和薄膜包扎固定，约 15 ～ 20 天生根，30 天后剪离母株直接盆栽。

⊙ 病虫害

有时发生炭疽病、叶斑病和灰霉病等，发病初期可用 70% 代森锰锌可湿性粉剂 600 倍液喷洒。发生介壳虫和蓟马时，用 40% 氧化乐果乳油 1000 倍液喷杀。

 新手常见问题解答

1. 橡皮树如何进行叶芽法繁殖？

答：在扦插材料较少的情况下，为了繁殖更多的苗，常用叶芽法扦插，即剪取一片叶带一段短茎（长 2 厘米），将短茎插入河沙中或用水苔包起来，叶片卷成筒状用塑料细棍固定，生根后不久从短茎的叶腋中萌发出新叶，即可移栽上盆。此法也适用于琴叶榕、卵叶榕。

2. 怎样选购橡皮树？买回的植株如何摆放？

答：盆栽橡皮树以植株造型好、枝叶繁茂、叶片翠绿、无病斑、有光泽者为宜。选购的盆栽大小、形状和叶片色彩要根据居室的环境而定。买回后先将叶片和盆钵擦洗干净，大型盆株放到合适的位置后就不要过多搬动了，小盆株可暂放阳台或窗台，待顶端萌发新叶时再放到固定位置。

小苏铁

小苏铁是苏铁的幼年植株，特别适合家庭栽培，卵圆形的苏铁茎干好似"植物宠物"。雌雄异株的苏铁生长慢、寿命长，能活几百年不衰，属"长寿树"。自古以来就被视为"吉祥、自由和幸福"的象征。

关键词: 雌雄异株植物、寿命长、易养

 原产地:
日本及琉球群岛。

 花期:
夏季(雌雄异株植物)。

 习性:
喜温暖、湿润和阳光充足的环境。不耐严寒，耐热、耐阴，畏干旱和积水。生长适温 13℃～27℃，耐热性较好，盛夏能耐40℃高温。冬季不低于7℃～10℃，若长期处于0℃以下，叶片易受冻害，低温潮湿容易烂根。

💲 参考价格

盆径12厘米的每盆60元，盆径15厘米的每盆100～200元。

☀ 摆放/光照

对光照的适应能力较强，能承受短时间的强光暴晒，不会灼伤；也特别耐阴，在低光度下叶片仍鲜嫩翠绿。盆栽尽量摆放在阳光充足和通风的场所。秋季购买的盆株冬季可放室内养护，仅有2℃～3℃也不会受冻。若处新叶萌发期，缺少阳光时，叶片会变得细长。

💧 浇水

对水分比较敏感，不耐干燥和积水。室温18℃以上时每天向叶面喷雾。春夏季是叶片生长旺盛期，浇水并多喷水。入秋后气温逐渐下降，要减少浇水。冬季以稍干燥为好，低温潮湿容易烂根。

🌱 施肥

生长期每月施肥1次，可用腐熟饼肥水或"卉友"20-20-20通用肥。

🪴 换盆

盆栽用直径 15～50 厘米的盆，盆土用肥沃的园土、泥炭土加少量沙的混合土。盆底多垫瓦片，以利排水。苏铁生长比较缓慢，中小型盆栽每 2～3 年换盆 1 次，大型盆栽 5～6 年换盆 1 次，盆钵以稍浅的圆盆为好。

✂️ 修剪

成年苏铁每年长 1 轮叶丛，新叶展开成熟时剪除老叶。一是老叶的存在会影响新叶的萌发；二是新叶长出后，老叶逐渐呈平展状态，影响树姿；三是老叶叶色逐渐变成黄绿色，有时老化枯萎；四是剪下的老叶还能用于作插叶材料。在雄花萎谢和雌株种子成熟后，应立即剪除，有利于新叶的萌发。

🌱 繁殖

种子大而皮厚，可在 5～6 月室内盆播，覆土 2 厘米，发芽适温 15℃～29℃，播后 2 周发芽。也可分株繁殖，春季换盆时将母株旁生的子株扒出，子株形成一般需 2～3 年，切割时尽量少伤茎皮，切口稍干燥后栽植于沙、土各半的盆内，放半阴处养护。还可在初夏将茎干横切成 2～3 厘米厚的块状，晾干后平放在沙床上，保持较高的空气湿度，约 3～4 月后，从茎块周围萌发出新的吸芽，待吸芽长大后切下扦插。

🐛 病虫害

室内通风不畅时，叶片易遭受介壳虫危害，发生时可用 40% 氧化乐果乳油 1000 倍液喷杀。

 新手常见问题解答

1. 花市中常见有无叶的"光头苏铁"出售，买回家怎样养护？

答：只要是有生命的"光头苏铁"，回家养护就没问题。盆栽用排水好的河沙，放在阳光充足和通风良好的窗台或阳台上，经常喷喷水，当基部长出新根、茎顶萌发新叶时，可施 1 次稀释的腐熟饼肥水。

2. 怎样选购小苏铁？

答：选购小苏铁盆栽或盆景，以茎干粗壮直立、叶片排列整齐、完整无缺损、无虫斑、深绿色，并有造型者为好。购买光头苏铁，选外形整齐的，以卵圆形者为佳，外表褐绿色，没有腐烂和病虫斑，摸上去比较坚硬者为佳。

罗汉松

罗汉松本是一种常绿乔木，如今除了制作青翠古朴的盆景外，其播种实生苗还加工成各种式样的迷你盆栽，很受市场青睐。

关键词：
盆景、盆栽、常绿、实生苗、树桩

 原产地：
中国、日本。

 习性：
喜温暖、湿润和阳光充足的环境。不耐严寒，耐阴，怕水涝和强光，耐修剪。生长适温 15℃ ~ 25℃，冬季能耐 –5℃低温。

 花期：
春季。

$ 参考价格
盆径 9 厘米的每盆 10 元，盆径 12 ~ 15 厘米的每盆 25 ~ 30 元。

☀ 摆放 / 光照

喜光又耐阴，怕强光。可摆放在有纱帘的朝东阳台或室内有明亮光线的位置，也可摆放于庭院中朝东的花架上。

💧 浇水

生长期每周浇水 2 次，保持盆土稍湿润；夏秋季可向叶面喷水，使叶片保持鲜绿。

🌱 施肥

地栽春秋季各施肥 1 次，用腐熟饼肥水。盆景在生长期每月施肥 1 次。冬季停止施肥。

🪴 换盆

盆景用 20 ~ 40 厘米的深盆，用腐叶土、肥沃园土和粗沙的混合土，加少量饼肥。每隔 2 ~ 3 年翻盆 1 次。

✂ 修剪

每年春季修剪顶芽，控制小枝的长度和盆景的造型。

❁ 繁殖

夏季采种后即播或沙藏，翌年春播，播后约 2 周发芽。春季剪取休眠枝，夏季取半成熟顶端枝扦插，插后 8 ~ 12 周生根。

🐛 病虫害

主要有叶斑病和炭疽病危害，用 50% 甲基托布津可湿性粉剂 500 倍液喷洒防治。虫害有介壳虫、红蜘蛛、大蓑蛾，发生时用 40% 氧化乐果乳油 1500 倍液喷杀。

 新手常见问题解答

1. **怎样选购罗汉松? 买回后如何放置?**

答：选购罗汉松盆栽或苗株，要树冠造型美，枝条粗壮、紧凑，叶色苍翠，没有黄叶，不掉叶，无虫害。购买盆景，则树姿秀美，枝叶短密，层云叠翠，富有自然的美感，植株与盆器配置合理。买回的盆栽或盆景必须摆放在阳光充足和通风良好的露天阳台或庭院的台架上。夏季避开烈日暴晒，经常向叶面喷水，增加空气湿度。浇水必须掌握不干不浇的原则，防止盆土过湿导致烂根。新叶生长期适当扣水，控制针叶的长度。苗株要尽快栽植。

2. **罗汉松如何制作盆景?**

答：罗汉松是江苏通派盆景的主要树种。素材采用罗汉松的实生苗或扦插苗，幼树的枝干韧性强，容易造型。无论直干式或悬崖式，加工方法都以攀扎为主，辅以修剪。攀扎在休眠期进行，对树干、粗枝、细枝加以弯曲造型。罗汉松的枝叶常加工成片状，形似层云叠翠。定型后，进行常规的修剪、摘心、施肥，保持株形的美感。

袖珍椰子

　　袖珍椰子是一种小型棕榈植物。盆栽装点居室窗台、楼梯转角处或点缀卧室栩栩如生，可营造出一个舒适、亲切、活泼的氛围。

关键词:
棕榈植物、耐阴、分株

 原产地:
墨西哥、危地马拉。

 习性:
喜温暖、湿润和阳光充足的环境。不耐寒，怕涝，忌强光。生长适温 15℃～25℃，冬季不低于 15℃叶片仍青翠可赏，10℃以下叶片易受冻害，叶缘出现焦枯或腐烂。个别品种短时能耐 0℃低温。

 花期:
春季至秋季。

⑤ 参考价格
　　盆径 12～15 厘米的每盆 15～20 元，盆径 20～25 厘米的每盆 30～60 元。

❂ 摆放 / 光照

喜阳光充足,但怕强光。春夏秋三季遮光 30% ~ 50%,明亮的光照对袖珍椰子生长最有利。盆栽植株可摆放在居室的明亮处。

❂ 浇水

生长期盆土保持湿润,夏季除浇水外多向叶面喷水。盆土不可水分过多或积水,否则会引起叶片枯黄、烂根。

❂ 施肥

5 ~ 9 月每半月施肥 1 次,用腐熟饼肥水或"卉友"20-20-20 通用肥。冬季搬入室内,温度偏低时停止施肥。

❂ 换盆

盆栽用 15 ~ 25 厘米的盆,用培养土、腐叶土和粗沙的混合土。每隔 2 ~ 3 年在春季换盆,盆底多垫煤渣,便于排水,放温暖处恢复。

✄ 修剪

随时剪除黄叶、枯叶和断叶。

❀ 繁殖

春夏季播种,发芽适温 20℃ ~ 25℃,播后发芽需 2 ~ 3 个月,苗高 15 厘米左右时移栽。也可在春季分株,将母株旁生的蘖芽切开,先栽在沙盆中,长出新根后再盆栽。

❂ 病虫害

易发生叶斑病,发病初期用 75% 百菌清可湿性粉剂 800 倍液喷洒。虫害有红蜘蛛和介壳虫,发生时用 40% 氧化乐果乳油 1500 倍液喷杀。

🌵 新手常见问题解答

1. 袖珍椰子能水养吗?

答:可以。采用洗根法,将 3 ~ 5 丛袖珍椰子放进玻瓶中养护。如果有断根或烂根,剪除后用 0.1% 高锰酸钾溶液清洗或浸泡 15 分钟,再用自来水冲洗干净。开始要勤换水,待正常生长后,夏季 3 ~ 5 天换一次水,秋冬季 10 ~ 15 天换一次水,在换水时加入营养液,并将老化的根和叶片剪除。

2. 怎样选购袖珍椰子? 买回的植株如何处置好?

答:盆栽要求株形挺拔,叶片繁茂、紧凑、无缺损,叶色深绿,无病虫或其他污斑。袖珍椰子买回家,摆放在有纱帘的阳台或明亮的居室,切忌放在太阳下暴晒,更不能摆放在热风或冷风吹袭的位置。春季至秋季向叶面多喷雾,冬季适度喷雾。盆土不宜过湿,空气湿度高些有利于叶片恢复,待长出新叶后再施薄肥。

朱 蕉

朱蕉是最常见的室内观叶植物，主茎挺拔，姿态婆娑，披散的叶丛形如伞状，叶色斑斓，极为美丽。在夏威夷，常用美丽的叶片装饰草裙的裙边。

关键词：
木本植物、喜光、水培

 原产地：
马来西亚、新西兰。

 习性：
喜温暖、湿润和阳光充足的环境。不耐寒，怕涝，忌强光。生长适温20℃～25℃，夏季白天温度25℃～30℃，冬季夜间7℃～10℃。不能低于5℃，否则叶片易受冻害，叶缘出现焦枯或腐烂。个别品种短时能耐0℃低温。

 花期：
夏季。

$ 参考价格
盆径 12～15 厘米的每盆 20～30 元，盆径 20～25 厘米的每盆 40～60 元。

☀ 摆放 / 光照

对光照的适应性较强。喜光，怕强光暴晒。明亮的光照对生长最有利，短时间的强光或较长时间的半阴对生长影响不大。夏季中午适当遮阴，减弱光照强度。宜摆放在朝东或朝南有纱帘的阳台或窗台。

💧 浇水

对水分比较敏感，盆土保持稍湿润，时湿时干不利于根系生长。生长期多向叶片喷水，空气湿度 50% ~ 60% 有利于茎叶生长。水分过多或盆内积水会引起叶尖黄化，缺水易落叶。

🌱 施肥

5 ~ 9 月生长期每半月施肥 1 次，用腐熟饼肥水或"卉友"20-8-20 四季用高硝酸钾肥。如氮肥施用过多，叶面的彩纹不明显。冬季搬入室内，温度偏低时停止施肥。

🪴 换盆

盆栽用 15 ~ 25 厘米的盆，用培养土、腐叶土和粗沙的混合土。每隔 2 ~ 3 年在春季换盆，盆底多垫碎砖或煤渣，便于排水。换盆时适当修剪嫩梢，放温暖处恢复。

✂ 修剪

主茎越长越高，基部叶片逐渐枯黄脱落，可通过短截促使多萌发侧枝，让树冠更美观。平时剪除茎干基部自然枯黄的叶片。

🌸 繁殖

6 ~ 10 月，剪取顶端的半成熟枝条，长 10 ~ 15 厘米，留 5 ~ 6 片叶，剪短一半，插入沙床，插后 4 周生根，长出 4 ~ 5 片叶时就能上盆。还可在 5 ~ 6 月高空压条繁殖，在离枝顶 20 厘米处行环状剥皮 1.5 厘米，再用湿润的水苔或泥炭包上，以薄膜包扎固定，约 5 ~ 6 周愈合生根。9 月种子成熟后室内盆播，发芽温度为 24℃ ~ 27℃，播后 2 周发芽，苗高 4 ~ 5 厘米时移栽到直径 6 厘米的盆中。

🔄 病虫害

常发生叶斑病和炭疽病，发病初期可用 200 单位农用链霉素粉剂 1000 倍液喷洒。虫害有介壳虫，发生时用 40% 氧化乐果乳油 1000 倍液喷杀。注意室内通风，可减少病虫发生。

新手常见问题解答

1. 朱蕉叶片色彩越来越差了，有什么办法可以恢复原样？

答：叶片色彩差，主要是长时间没有换盆所致，首先在 6 ~ 7 月抓紧时间换盆，加入肥沃的土壤。待植株恢复生长并开始长出新叶时，多施磷钾肥。这样叶片就会慢慢展现其美丽的一面。

2. 怎样选购盆栽朱蕉？买回的植株如何放置和养护？

答：购买盆栽植株要求株形丰满，枝叶繁茂，叶片色彩艳丽，无缺损，小型盆栽株高不超过 40 厘米，大型盆栽株高不超过 1.5 米。朱蕉的品种繁多，它们的耐寒、耐旱和对光照的要求有一定差异。总体上室温不能低于 5℃，摆放在窗台或阳台有阳光的位置，长期过阴，叶片容易早衰，导致褪色或出现焦斑。

竹 柏

竹柏，很多人在花市上见过，但总叫不上它的名字，商家为了销量常起些吉祥好听名字。它盆栽或水养均可，青翠葱茏，生机盎然。

关键词：木本植物、观叶、耐阴、水培

 原产地：
中国、日本。

花期：
春季。

 习性：
喜温暖、湿润和半阴环境。较耐寒、耐阴，较耐干旱。生长适温 13℃ ～ 25℃，空气湿度 60% ～ 70%，冬季 10℃以上叶片仍青翠动人，5℃以下小苗叶片易受冻害，成年植株能耐 -5℃低温。

---

⑤ 参考价格

盆径 12 ～ 15 厘米的每盆 25 ～ 30 元，盆径 25 厘米的每盆 80 ～ 100 元。

☀ 摆放 / 光照

喜半阴环境，不要摆放在阳光直射的场所。宜放在朝东或朝南有纱帘的阳台或窗台。水培幼苗宜放书桌或电脑旁。

💧 浇水

盆土稍湿润，时湿时干不利于根系生长。生长期每周浇水 1 次，多向叶片喷水，空气湿度保持 50% ～ 60% 有利于茎叶生长。

🧂 施肥

春秋季生长期每月施肥 1 次，用腐熟饼肥水或"卉友" 20-20-20 通用肥，冬季停止施肥。

🪣 换盆

用直径 15 ～ 20 厘米的盆，土用肥沃园土、腐叶土和粗沙的混合土。每隔 2 ～ 3 年在春末换盆，盆底多垫煤渣，便于排水。

✂ 修剪

主茎长高，基部叶片容易枯黄脱落，可短截促使萌发侧枝。

❀ 繁殖

种子容易丧失发芽力，应随采随播或湿沙贮藏种子，就是把清水洗干净的沙子放在塑料盆内，然后将种子一层一层放进沙子中，翌年春季播种，发芽率在50%～70%。扦插繁殖，初夏剪取幼龄母株上的半

成熟枝扦插，幼龄母株上的枝条细胞组织的可塑性强，枝条扦插后容易生根，而老树上剪取的插条生根率和成活率明显要差。

🐰 病虫害

有叶斑病危害，发病初期用70%甲基托布津可湿性粉剂1000倍液喷洒。室内摆放易发生介壳虫危害，应及时捕捉灭杀。

 新手常见问题解答

1.竹柏怎样进行水养?

答：常采用播种的实生苗通过洗根法取得水养材料，也可将种子播种在经高温消毒的粗沙砾或蛭石中。栽培容器可用玻璃瓶、陶质或瓷质盆、金属盆等。将15～20厘米高的实生苗栽进容器，可用大颗陶粒、水晶土、彩石等固定。每3～5天换1次水，每月施1次营养液，摆放在18℃～26℃环境下，植株过高可修剪，空气干燥可喷水。

2.怎样选购竹柏? 买回的植株如何放置和养护?

答：要选株形丰满，枝叶繁茂，叶片深绿、有光泽，无缺损的，盆栽株高不超过60厘米。迷你的盆栽小苗，要求苗株整齐、挺拔、密集；叶色深绿、光亮，无缺损和无污斑。买回的竹柏，无论是大苗或幼苗，都要摆放在有纱帘的阳台或窗台，不要在阳光下直射。盆土保持湿润，不能积水，空气干燥时向叶面喷水，待植株长出新叶后再转入正常管理。

紫鹅绒

紫鹅绒的红紫色叶片闪耀着美丽的荧光，这种叶色在观叶盆栽中很少见。盆栽、吊盆、组合盆栽，那奇特的色彩都是受人瞩目的亮点。

关键词：叶片荧光色、垂吊、怕冷、易繁殖

 原产地：
印度尼西亚。

花期：
冬季。

 习性：
喜温暖、湿润和阳光充足的环境。不耐寒、怕强光暴晒、不耐干旱。生长适温 13℃ ～ 27℃。冬季要保持 10℃ 以上，低于 10℃ 叶片易受冻害，叶缘出现枯黄和焦斑。

⑤ 参考价格

盆径 12 ～ 15 厘米的每盆 15 ～ 20 元，盆径 20 ～ 25 厘米的每盆 30 ～ 40 元。

☼ 摆放 / 光照

喜阳光充足，怕强光暴晒，宜摆放在有纱帘的窗台或明亮的室内。

💧 浇水

生长期盆土不宜太湿，不要向叶面洒水，叶片上的绒毛滞留水滴后会引起烂叶。夏秋季盆土保持湿润即可。冬季室内养护要减少浇水，保持充足的阳光。

🌿 施肥

每月施肥 1 次，避免茎叶徒长，控制氮素肥，多施磷钾肥，也可用"卉友"15－15－30 盆花专用肥。

🪴 换盆

每年春季换盆，盆栽用直径 12 ～ 15 厘米的盆，每盆栽苗 3 株，用营养土和腐叶土的混合土，加 10% 的腐熟饼肥。

✂ 修剪

扦插苗盆栽后，苗高20厘米时应摘心，促使分枝，使株形匀称、下垂。生长期随时剪除黄叶和老叶。栽培2～3年后植株长势差时，可重新扦插更新。

🌼 繁殖

扦插，春末剪取10厘米长的顶端嫩枝，带有4～5片叶，除去基部叶片，稍干燥后插入腐叶土和河沙的混合基质中，保持20℃～25℃，遮阴并维持较高的空气湿度，插后2周生根，夏季可用半成熟枝扦插。在湿度较高的环境下，茎的基部或匍匐生长的茎节上往往长出不少不定根，可直接剪下盆栽。

🐛 病虫害

有时发生锈病危害，发病初期用15%三唑酮可湿性粉剂500倍液或12.5%烯唑醇可湿性粉剂2000倍液喷洒。虫害有蚜虫和红蜘蛛，发生时用40%氧化乐果乳油1000倍液或80%敌敌畏乳油1500倍液喷杀。

 新手常见问题解答

1. 刚买来时紫鹅绒的叶色非常好看, 后来叶色变淡了, 是什么原因?

答：长时间把紫鹅绒摆放在光线差的居室，由于光线不足，叶面紫红色的绒毛会褪色。另外，老化的叶片也会发生褪色现象。此时须搬到有散射光的场所，2～3周后放置朝南窗台养护，其萌发的新叶就会呈现紫红色。

2. 紫鹅绒怎样进行水养?

答：用水插法取得生根枝条，用玻璃瓶水养，当根系长至10厘米时开始加入营养液。摆放在有纱帘的窗台，枝叶生长过高时摘心，促使分株，压低株形。夏季高温期间改用清水养，并勤换水，不加营养液。如果室内光线不足、通风不畅，叶片容易褪色和遭受蚜虫为害。

棕 竹

棕竹是棕榈类植物中的一种常绿灌木, 大型盆栽比较多, 如今还有小型的斑叶品种, 小巧可爱, 更适合家庭。此外, 幼苗可制作盆景, 茎叶还用于插花陪衬。

关键词: 大型盆栽、小盆栽、耐阴、盆景

 原产地:
中国南部。

 花期:
春末。

 习性:
喜温暖、湿润和半阴环境。不耐寒, 耐阴, 怕强光。生长适温 10℃～24℃, 空气湿度在 50% 以上, 冬季不低于 10℃, 叶片仍青翠碧绿。低于 5℃叶片易受冻害, 叶缘出现焦枯或腐烂。

💲 参考价格

盆径 12～15 厘米的每盆 25～35 元, 斑叶品种每盆 80～100 元。

☀ 摆放 / 光照

喜半阴, 怕强光, 明亮的光照最有利于生长。宜摆放在朝东或朝南有纱帘的阳台或窗台。

💧 浇水

生长期每周浇水 2 次, 盆土保持湿润, 夏季除浇水外, 向叶面多喷水。冬季休眠期每旬浇水 1 次, 盆内积水会引起叶片枯黄、烂根。

🧪 施肥

4～9 月每月施肥 1 次, 用腐熟饼肥水或"卉友"20-20-20 通用肥。冬季搬入室内, 温度偏低时停止施肥。

🪴 换盆

盆栽用直径 20～30 厘米的盆, 用泥炭土、腐叶土和河沙的混合土。每隔 2～3 年在春季换盆, 盆底多垫煤渣, 便于排水, 放温暖处恢复。

✂ 修剪

换盆时清除枯枝残叶，剪除中部过于密集和外围较差的株丛，有利于通风透光和新枝丛的萌发。随时剪除黄叶、枯叶和断叶。

❀ 繁殖

分株，春季选择株丛密集、分蘖苗多的植株，分株前先停水1天，待盆土稍干时，将整株从盆内托出，用利刀把地下根茎切开成小丛，每丛有2~3株苗，直接盆栽。也可播种，种子成熟后即播或春季播种，播种前用35℃温水浸泡种子1天，发芽适温27℃，播后4周发芽，半年后移栽。

🐛 病虫害

易发生叶枯病和叶斑病，可用1%波尔多液喷洒预防，发病初期用75%百菌清可湿性粉剂800倍液或50%甲霜灵锰锌可湿性粉剂500倍液喷洒。虫害有介壳虫，发生时用40%氧化乐果乳油1500倍液喷杀。

 新手常见问题解答

1. 我盆栽的棕竹过冬后叶片变黄了，是什么原因？

答：叶片变黄的因素很多，浇水过多，盆内长期过度潮湿或积水；浇水不透，表面湿，但根部土壤过于干燥；室内通风不畅，遭受红蜘蛛、粉虱为害；植株过于集密、拥挤，多年没有换盆；室温过低，植株受冻或冷风吹袭等原因，都会造成棕竹叶片变黄。看看你的棕竹属于哪种原因，再对"症"治疗。

2. 怎样选购盆栽棕竹？买回的植株如何放置和养护？

答：要求株形挺拔，茎干丛生似竹状，叶片繁茂、紧凑、无缺损，叶色深绿，无病虫或其他污斑。植株的高度要与居室环境相协调，由于枝叶茂盛、丛生，携带时防止叶片撕裂或折断。棕竹买回家，摆放在有纱帘的阳台或明亮的居室，遮光30%，避开阳光直射，也不能靠近热风或冷风吹袭的位置。室温必须在10℃以上。春季至秋季，向叶面多喷水，冬季适度喷雾。盆土不宜过湿，空气湿度高些有利于叶片恢复，待长出新叶后再施薄肥。

第三章

新人上手

38种 观花植物

矮牵牛

矮牵牛丰富的色彩已让人喜爱不已, 如果养成大花球悬挂在门廊或摆放于窗台、阳台, 居室美感瞬间提升。

关键词: 花量大、色彩丰富、垂吊

 原产地:
矮牵牛都是杂交培育的栽培品种。

 花期:
夏季至秋季。

 习性:
喜温暖、干燥和阳光充足的环境。不耐寒, 怕雨涝。生长适温13℃~18℃。冬季低于4℃植株生长停止, 能耐-2℃低温。夏季高温35℃时仍能正常生长。

⑤ 参考价格

盆径12~15厘米的每盆10~15元, 盆径20~25厘米的每盆20~30元。

☀ 摆放/光照

喜阳光充足, 不耐阴。矮牵牛为长日照植物(又称短夜植物。日照长度超过临界日长或黑夜长度短于临界夜长时才能开花的一类植物。这类植物通过延长光照时间、缩短黑暗时间, 可以提早开花), 光照不足则开花少。宜摆放于阳光充足的朝东和朝南窗台、阳台, 室内光线较差的场所不宜久放。

💧 浇水

喜干怕湿, 生长期需充足的水分, 夏季高温时保持盆土湿润。若盆土过湿, 茎叶易徒长, 露天养的矮牵牛花期要避雨。

🌱 施肥

生长期每半月施肥1次, 以腐熟饼肥水为主, 花期增施2~3次过磷酸钙或用"卉友"20—20—20通用肥。

换盆

幼苗具 5 ~ 6 片真叶时，栽入直径 10 厘米的盆或 12 ~ 15 厘米的吊盆。盆土用肥沃园土、泥炭土和沙的混合土。

繁殖

扦插比较常用，花后剪取萌芽的顶端嫩枝扦插，长 10 厘米，插后 2 周生根，4 周上盆。也有播种繁殖的，难度稍高，春季室内盆播，种子细小，播后不覆土，发芽适温 13℃ ~ 18℃，约 10 天发芽，从播种至开花需 11 ~ 12 周，重瓣花 13 ~ 15 周，垂吊种 9 ~ 12 周。

修剪

苗高 10 厘米时摘心，摘后 10 ~ 15 天用 0.25% ~ 0.5% 比久喷洒叶面 3 ~ 4 次，来控制植株高度，促使多分枝。夏季高温期植株易倒伏，注意整枝修剪，摘除残花，可延长观赏期。

病虫害

常见病毒引起的花叶病、细菌性的青枯病和灰霉病。首先盆土必须消毒，出现病株用 10% 吡虫啉可湿性粉剂 1500 倍液喷杀蚜虫，以阻止病毒传播。用 200 单位农用链霉素粉剂 1000 倍液喷洒防止青枯病，用 75% 百菌清可湿性粉剂 800 倍液喷洒防治灰霉病。虫害有蚜虫，家庭可用高压水柱喷射叶子或嫩枝的正背面来驱除蚜虫，也可用上述的杀虫剂喷杀。

 新手常见问题解答

1. 如何选购矮牵牛？买回来如何放置与养护？

答：购买盆栽或吊盆，株形要丰满，不"空心"，叶片深绿，无黄叶，开花和有花苞的植株，花色鲜艳、有光泽，花瓣不破损。特别留意植株上是否有蚜虫为害。也可选购健壮的穴盘苗或扦插苗自养。刚买的矮牵牛摆放或悬挂在朝南窗台、阳台、走廊，必须避开风雨。不要向叶片和花朵喷水，发现底部叶片脱落或花枝过长时，要剪去花枝的 1/2，并追施肥料，促使萌发新花枝。矮牵牛对缺铁十分敏感，常出现叶黄脱落，应每半月补 1 次铁肥。

2. 矮牵牛有哪些好的品种？

答：矮牵牛常见有大花型和多花型，单瓣花和重瓣花，单色花和双色花等。另外，花瓣边缘多变，有平瓣、波状瓣、锯齿状瓣，花色有白、粉、红、紫、双色以及星状、脉纹等，其中多花、重瓣的"馅饼"系列和意大利盛产的双色迷你矮牵牛尤为闻名。近期推出的蔓生垂吊性品种也不错。

百 合

百合特别适合江南小庭院栽植，在北方多盆栽，花时娇艳动人，香气阵阵。同时，百合也兼具观赏、药用、食用的作用。

关键词: 赏花、食用、药用、选好种球

原产地:
中国东部及中部地区。

习性:
喜温暖、湿润和阳光充足的环境。不耐严寒，怕高温多湿，忌积水，耐半阴。生长适温 15℃～25℃，冬季不低于 0℃。

花期:
夏季。

💲 **参考价格**

鳞茎 4～5 元／个，盆径 15～18 厘米的每盆 15～20 元。

◉ **摆放／光照**

喜光，耐半阴。盆栽宜摆放在有明亮光照和通风的场所，地栽选择阳光充足、土层深厚和排水好的场所。

📧 **施肥**

无论盆栽或地栽，土壤都要疏松、肥沃，施足基肥，春季生长初期和现蕾时各施肥 1 次，用腐熟饼肥水。

🌊 浇水

生长期每周浇水 1 次，盆土保持湿润，但切忌过湿致鳞茎腐烂。花后逐渐减少浇水，待地上部分枯萎后停止浇水，盆土保持干燥。

🪴 换盆

盆栽用15～20厘米深筒盆，每盆栽 1～3 个鳞茎，栽植深度2～3厘米，如果用催芽鳞茎，芽尖稍露土面。盆土用腐叶土、泥炭土和粗沙的混合土，加少量腐熟饼肥屑和骨粉。

百合鳞茎

 新手常见问题解答

1. 如何选购百合盆花和鳞茎? 买回后如何处理?

答: 盆花要求植株健壮, 叶片披针形, 亮绿色; 花茎挺拔、粗壮, 花大, 漏斗状, 裂片外翻, 花色丰富, 有浓郁的香气; 无缺损, 无污斑, 无病虫危害。购鳞茎时, 要求球形、白色、充实、饱满、清洁, 无病虫痕迹, 鳞茎周径在 14 厘米以上。买回的盆花摆放在有明亮光照和通风的场所, 盆土保持湿润, 空气干燥时可向叶面喷雾, 开花时不能向花朵上喷淋, 否则花瓣易受花粉污染或发生腐烂。同时少搬动, 以免花茎折断和掉瓣。

2. 栽种百合有什么窍门吗?

答: 百合的鳞茎和其他球根花卉的鳞茎不同, 其根会从上下两处长出。往下长的根系主要起固定鳞茎的作用, 而往上长的根系是长在土内的花茎上, 用于吸收水分和养分。由此, 栽种百合的鳞茎必须在规定的深度, 地栽种植深度约 3 倍于鳞茎的高度, 否则就会影响其生长和开花。

✂️ 修剪

如不留种, 花谢后立即剪除花茎, 有利于鳞茎的发育。待茎叶枯黄凋萎后, 剪除地上部分。

🌱 繁殖

常用小鳞茎繁殖, 也可用鳞片和珠芽繁殖。到达开花所需时间, 小鳞茎需培养 2 年, 鳞片、珠芽需 3 年。

🐛 病虫害

主要有黑斑病、灰霉病和枯萎病。发病前, 定期喷洒 50% 多菌灵可湿性粉剂 800 倍液。虫害主要有蛴螬和线虫, 可用 90% 敌百虫原药 1500 倍液浇灌。

宝莲花

宝莲花是一种品位较高的热带灌木状花卉，价位也比较高，用于馈赠亲友的比较多。盆栽摆放客厅、门厅或庭院，翠绿的叶片和粉色花朵婀娜多姿、典雅豪华。

关键词: 热带花卉、喜高温、怕强光、花期长

 原产地:
菲律宾。

 花期:
春夏季。

 习性:
喜高温、湿润和阳光充足的环境。不耐寒,耐半阴,怕烈日暴晒,不耐干旱和水湿。生长适温 22℃~ 28℃,冬季不低于 16℃。春末夏初开花期如室温过高,易引起落花。

参考价格

盆径 15 ~ 20 厘米的每盆 80 ~ 100 元，盆径 25 厘米的每盆 150 元。

摆放 / 光照

喜光，耐半阴，强光暴晒会灼伤叶片和花苞。盆栽需摆放在阳光充足的朝南窗台、阳台或明亮的客厅。不要摆放在阴暗和通风差的位置，否则花朵容易褪色或褐化。

浇水

生长期保持盆土湿润。夏季每天浇水 1 次，盛夏需向叶面喷雾，空气湿度保持 70% ~ 80%，若湿度不够，植株难于开花。冬季盆土保持稍干燥。

施肥

每月施肥 1 次，形成花蕾后增施 1 ~ 2 次磷钾肥或"卉友"20-20-20 通用肥。

🪴 换盆

盆栽用口径 20～25 厘米的深盆（深 30～40 厘米），每盆栽苗 1～3 株。去掉宿土，增加肥沃排水好的腐叶土，也可用腐叶土、培养土、河沙或蛭石的混合土。每 2 年换盆 1 次，以早春进行最好，换盆后适当遮阴。

✂ 修剪

成年植株花枝大而下垂，可加以绑扎，使枝叶聚集。花后将花序剪除，减少养分消耗，利于新枝的萌发，修剪过长的花枝，使株形圆整优美。

🌱 繁殖

春季剪取嫩枝扦插，夏季用半成熟枝扦插，长 8～10 厘米，插后 3～4 周生根，当年可盆栽。也可播种，采种后即播或春季室内盆播，发芽适温 19℃～24℃，播后 3～4 周发芽。春季或夏季采用高空压条，约 8～12 周生根。

🐛 病虫害

有时发生叶斑病和茎腐病危害，发病初期用 75% 百菌清可湿性粉剂 800 倍液喷洒。虫害有红蜘蛛、介壳虫和粉虱，发生时，红蜘蛛用 40% 三氯杀

花苞

螨醇乳油 1000 倍液；介壳虫和粉虱用 25% 噻嗪酮可湿性粉剂 1500 倍液喷杀。

新手常见问题解答

1. 去年春节朋友送我一盆开 2～3 个花枝的宝莲花，今年春节怎么不见花了，是什么原因？

答：宝莲花是生长在热带雨林中的花灌木，喜欢高温多湿环境，如果在养护过程中达不到上述条件，长好枝叶、形成花苞就十分困难。同时，开花过程中随时剪除凋谢花序，花后剪去已开过花的花枝的一半，促使萌发新花枝，才能继续开花。

2. 如何选购宝莲花？买回后如何摆放和养护？

答：盆栽要求植株圆整，叶片完整，深绿色，着生 3～5 个大花序，其中有 1 个花序已下垂、展开，并露出部分小花，花色清晰，无褐斑、病斑和缺瓣。盆栽植株需摆放在阳光充足的朝南窗台、阳台或明亮的客厅。不要摆放在阴暗和通风差的位置，否则花朵容易褪色或褐化，衰败加快，花期明显缩短。盆株在阳台或窗台养护时，要防止雨淋或向花朵喷水，这样容易诱发病害或提早凋谢。

比利时杜鹃

比利时杜鹃是一种四季开花的杂种杜鹃，花卉市场常见。株形矮壮，花形、花色变化大，色彩丰富，年内可开花2～3次。

关键词：
常绿灌木、年宵花

 原产地：
是杂交培育的栽培品种。

 习性：
喜温暖、湿润和阳光充足的环境。不耐寒，怕炎热和强光暴晒，稍耐阴，怕水涝和干旱。生长适温12℃～25℃，5℃～10℃或30℃以上生长缓慢。长期处于高温下花芽不易形成。

 花期：
全年。

⑤ 参考价格
盆径15～20厘米的每盆30～50元，单干多品种嫁接植株每盆120～150元。

◉ 摆放/光照
喜阳光充足，怕强光暴晒，稍耐阴。盆栽宜摆放在朝南或朝东的窗台和阳台，室内摆放时间不宜过长。

浇水

植株根系浅，须根细，既怕干又怕涝。在新叶生长、花芽分化和花蕾形成期，盆土保持湿润，若浇水不足，易引起叶片凋萎和落叶。秋季干燥时向叶面喷水，增加空气湿度。开花期适当控制浇水，以免水大掉花。

施肥

生长期每半月施肥1次，以薄肥为好。同时增施2次0.15%的硫酸亚铁溶液或用"卉友"21-7-7酸肥。施肥过多过浓，根部无法吸收，反而导致植株枯萎死亡。

换盆

每年花后必须换盆，因根系脆弱易断，要少伤新根。盆栽用15～20厘米盆，用腐叶土、培养土和粗沙的混合土。

修剪

生长期进行修剪、整枝和摘心。剪除有损树姿的徒长枝和从根际发出的萌蘖枝，疏剪影响通风透光的过密枝，随时剪除病株和枯枝，利于萌发新枝。

繁殖

初夏剪取长12～15厘米的半成熟枝条，插后8周生根。春季用高空压条，选2～3年生成熟枝，约4～5个月生根。嫁接于梅雨季进行，用2年生毛杜鹃作砧木，接穗选取当年萌发的嫩枝，长8～10厘米，枝接后7～8周愈合，成活率高。

病虫害

主要有褐霉病和黑斑病危害，严重时受害叶片枯黄脱落，发生初期用75%百菌清可湿性粉剂1000倍液每半月喷1次，连喷3～4次。夏秋季高温干燥时易受红蜘蛛和军配虫危害，导致大量落叶，发生时用40%氧化乐果乳油1500倍液喷杀。

新手常见问题解答

1.如何选购比利时杜鹃？刚买回如何摆放与养护？

答：盆栽植株要求矮壮，树冠匀称，分枝多，枝条粗壮。摆在书桌等位置株高以30～40厘米为宜，作客厅绿饰株高不超过60厘米。叶片深绿有光泽，无缺损，检查叶片正反面是否有病虫。花苞多而饱满，有20%的花苞已初开者，花色鲜艳，无缺损和褐化。比利时杜鹃怕冷，应摆放在阳光比较充足的朝南或朝东阳台、窗台和光线明亮的厅室花架，室温在10℃以上。切忌摆放在光线不足和通风差的场所，否则容易叶黄、落花，也易发生病虫害。空气干燥时向叶面喷雾。

2.与我一起购买的比利时杜鹃，朋友家的繁花似锦，而我的几乎没有几朵花了，什么原因？

答：因为开花的比利时杜鹃对冷热空气的流动和乙烯十分敏感。如果盆花摆放在室温高或靠近空调热风口，开花很快，花期缩短。若盆花放置在水果盘附近，成熟水果散发的乙烯会引起落叶和落花。由此，杜鹃应摆放在阳光充足、没有暖气的房间，可延长欣赏期。当然，空气干燥、光线太强、水分不足等因素也会导致花期缩短。

茶 梅

茶梅是南方常见的一种常绿灌木。由于耐寒，枝叶细密、亮丽，花色鲜艳且具芬芳，被广泛用于树篱、花槽、盆栽和制作盆景。

关键词：常绿灌木、易栽培、年宵花

原产地：
日本。

习性：
喜温暖、湿润和阳光充足的环境。较耐寒，怕高温，怕强光，稍耐阴，忌干旱。生长适温 18℃ ~ 25℃，相对湿度 70% ~ 80%。地栽冬季短期可耐 –10℃低温，盆栽摆放室内，以 3℃ ~ 6℃为宜，夏季 38℃以上会灼伤叶芽，导致叶片质脆变老、脱落。

花期： 秋冬季。

$ 参考价格
盆径 18 ~ 20 厘米的每盆 30 ~ 40 元。

摆放 / 光照
喜阳光充足，稍耐阴，忌强光，在稍阴的落叶林下也能生长很好，以 50% 的透光率为宜。盆栽宜摆放在朝东或朝南的窗台和阳台。若室内摆放时间过长或长期处于荫蔽状态，会影响花芽形成。

浇水

盆土保持湿润，不积水；夏季每天早晚浇水1次，冬季3～5天浇水1次，应在晴天中午浇，每次浇水必须浇透。除冬季外，每隔1周向叶面喷水1次，保持叶面清洁。

施肥

茶梅开花多，养分消耗也大。3～9月每隔2月施肥1次，可用腐熟饼肥水或"卉友"20-20-20通用肥；5月增施1次0.2%的磷酸二氢钾，有利于花芽分化；10月加施1次磷肥，促其开好花。

修剪

夏末疏蕾，摘除过密、着生方向不好和生长不良的花蕾，最后每枝仅留一个花蕾；花后初夏进行修剪，清除残花、残枝、病枝和截短徒长枝，使株型丰满匀称。

繁殖

春季剪取基部带踵的枝条（在插条的下端附有老枝的一部分，形如足踵。这样的插条下部养分集中，容易生根）或单芽短穗扦插，初夏剪取长5～10厘米半成熟枝，插后遮阴保湿，约4～6周生根，翌年春季移栽上盆。春末初夏嫁接，砧木用油茶，采用嫩枝劈接，成活率高。春季用高空压条繁殖。

换盆

盆栽用直径15～20厘米的盆，成年植株可用直径20～30厘米的盆。盆土用肥沃园土、泥炭土、煤渣或粗沙的混合土。每2年换盆1次，成年植株3～4年换盆，花后换盆时剪去烂根、枯根、枯枝和残叶。

病虫害

主要有危害叶片的炭疽病，在叶缘和叶尖产生灰白色圆形或不规则病斑，发生时用75%百菌清可湿性粉剂600倍液喷洒2～3次。室内通风不畅，易发生介壳虫、蚜虫危害，使叶片卷曲、黄化、生长停止，还会诱发煤污病，发生时可用50%杀螟松乳油800倍液喷杀。

新手常见问题解答

1. 如何选购茶梅？刚买回后如何摆放与养护？

答：想在元旦或春节装饰居室的，可在节前1周购买，挑选树冠圆整、枝叶繁茂、叶片翠绿光亮、花蕾和开花各占一半的2～3年生植株。发现叶片上有煤污病或黄化的不要购买，易发生落叶和落蕾。买回的开花盆栽摆放在阳光充足的朝南阳台或窗台，室温保持在8℃～10℃即可。防止室温时高时低，远离空调口。盆土保持湿润，防止缺水干燥或过湿。

2. 盆栽茶梅冬季入室后为什么常发生落叶和落蕾现象？

答：冬季特别要防止盆土缺水干燥或过湿，注意通风，防止虫害、避免空气干燥或光照不足。同时，室内温度时高时低也不好，要远离空调口，花期保持8℃～10℃即可。

春 兰

关键词: 传统名花、在北方有一定养植难度

原产地:
中国、日本、朝鲜半岛。

习性:
喜冬季温暖和夏季凉爽的环境。较耐寒, 怕空气干燥和强光暴晒, 忌积水。生长适温 15℃ ~ 25℃, 冬季能耐 −8℃ ~ −5℃低温, 花芽分化温度为 12℃ ~ 13℃, 35℃以上生长缓慢。空气湿度 50% ~ 60%。

花期:
冬季、春季。

春兰是国兰的主要代表之一, 也是高洁、清雅的象征。花香居群芳之首, 古人将其誉为"天下第一香"。为我国主产的传统名花, 它属于一种内在含蓄的美, 最为难得的是香。

💲 参考价格

盆径 15 ~ 20 厘米的 (5 筒草) 每盆 60 ~ 80 元, 名品兰每盆 500 ~ 800 元。

◎ 摆放 / 光照

夏季遮光 60% ~ 80%。冬季宜摆放在室内阳光较充足的窗台或阳台, 其他季节摆放在室外通风且有遮光防雨设施的场所。

💧 浇水

浇水是养好春兰的关键, 浇水数量视气温高低、光线强弱和植株生长而定。一般来说, 冬季温度低、湿度大时则少浇; 夏季植株生长旺盛, 气温高, 应多浇。但夏季切忌阵雨冲淋, 必须用薄膜挡雨。秋季淋雨易发生黑斑病, 浇水以清晨为宜。

冬季以晴天中午浇水为好。兰花用水一般以雨水和河水为好, 自来水必须入水池或放置一段时间后再用, 因为自来水直接浇花, 由于水温与气温有温差, 容易刺激花卉。同时, 自来水中含有一定氯成分, 通过水池过渡, 可以解决上述问题。

施肥

在萌发新苗或老苗展现新叶时，需充足的营养。整个生长期以淡肥勤施为好，除开花前后和冬季不施肥外，每隔 2 ~ 3 周施肥 1 次，常用 0.1% 尿素和 0.1% 磷酸二氢钾溶液叶面喷洒或根施。阴雨天不施肥，肥液不能浇入兰心中。

换盆

春兰以 2 ~ 3 年换盆 1 次为宜。换盆前让盆土略干，促使肉质根变软，避免盆栽时断根。兰株从盆内取出，去除宿土，剪除枯叶，若花芽过多，应除去弱芽，保留壮芽，如果兰株生长势弱，可摘除花芽。冲洗根系，稍晾干后，将兰株轻轻扒开成株丛。盆栽以 3 ~ 5 筒苗为宜，盆底垫瓦片，上铺碎砖粒，加上少量腐叶土。栽植时将兰根散开，新株在中央，老株靠边。随后填土，并摇动兰盆，让兰根与土紧密接触，盆边留 2 厘米沿口，形成馒头状，土面铺翠云草，喷水 2 ~ 3 次，浇透后放半阴处恢复。

修剪

换盆时剪除枯叶，除去弱芽。平时剪去黄叶、病叶和断叶。

繁殖

分株繁殖，一般结合换盆进行，2 ~ 3 年分株 1 次，以新芽未出土、新根未长出之前为宜。时间在 3 月或 9 月前后。分株前 10 天最好不浇水，使盆土略干，从兰盆中取出后，清除栽培基质，冲洗干净，放通风处晾干，待根皮呈灰白色肉质根稍软时即可分株，从密集的假鳞茎之间切开，一般以 2 ~ 3 丛为宜，切口要平，不能撕裂，并在伤口涂上硫黄粉防腐，分株盆栽后放半阴处养护恢复。

病虫害

春兰在通风差、湿度大的条件下，叶片容易发生黑斑病和霉菌病。黑斑病常危害新芽，严重时整株枯死。霉菌病导致兰株基部腐烂，盆土表面产生白色菌丝。在梅雨季除加强通风、降低空气湿度外，可用 65% 代森锌可湿性粉剂 600 倍液或 70% 甲基托布津可湿性粉剂 800 倍液喷洒，以控制和减少病害的发生。

新手常见问题解答

1. **盆栽春兰用什么栽培基质好？**

答：栽培基质必须透气和透水，常见有腐叶土、泥炭土、塘泥、苔藓、锯木屑、碎木炭、碎砖粒、浮石和蛭石等，实际使用时都以混合基质为多，多数采用当地生产的廉价材料。在日本，许多养兰爱好者仅用苔藓为基质，报纸为容器，生长的兰花异常健壮。

2. **我的春兰株丛越长越小，兰叶越来越少，是什么原因？**

答：家庭养兰还是有一定难度的，尤其是水分和光照的控制要十分小心。春兰为肉质根，栽培基质必须透气、透水，浇水既不能多，又不能少，水质要好，不能有污染不洁的水和雨水洒落在叶片上，也要保持一定的空气湿度。春兰野生于林下的环境中，属喜阴性植物，生长期荫蔽度在 80% ~ 90%，冬季在 60% ~ 70%，也就是说春兰需要在散射光下生长发育。因此，在一般的窗台或阳台栽培就有难度了。

大花蕙兰

大花蕙兰是世界著名的"兰花新星"。它具有国兰的幽香典雅，又有洋兰的丰富多彩特性，在国际花卉市场十分畅销。

关键词：
洋兰、高端年宵花

 原产地：
喜马拉雅山、缅甸、泰国、澳大利亚、新几内亚岛和东南亚。

 习性：
喜冬季温暖和夏季凉爽的环境。不耐寒，怕空气干燥，不怕湿，喜阳光充足又耐阴。生长适温 10℃～25℃，冬季不低于 10℃，空气湿度 70%～80%。

 花期：
春季。

⑤ 参考价格
3～4 箭的盆栽每盆 200 元，5 箭以上的精品每盆 400～500 元。

◎ 摆放 / 光照
喜阳光充足，又耐阴。夏季遮光 50%～60%。开花盆栽宜摆放在阳光充足的朝东、朝南阳台或窗台。

浇水

春秋季每周浇水 2 次，空气干燥时每天向地面和叶面喷水 1～2 次，提高空气湿度。夏季晴天每天早晚各浇水 1 次，必要时向叶面喷雾，湿润叶面，降低温度。冬季每 4～5 天浇水 1 次，盆土切忌过湿。

施肥

新芽生长期每周施 1 次薄肥，花芽分化期每月施肥 1 次，假鳞茎膨大和开花期每周叶面喷施液肥 1 次。冬季停止施肥。

换盆

4 月花后进行换盆，对株丛较密、比较拥挤的兰株结合分株进行换盆。分株前让基质适当干燥，使根部略柔软，这样操作时不易折断肉质根。通常将母株分割成 3～4 筒一丛盆栽，不要碰伤新芽。常用直径 15 厘米、高 20 厘米的高筒陶质盆或塑料盆。盆土用苔藓、蕨根或树皮块、木炭、沸石等混合基质。

修剪

花后及时剪除花茎，减少养分消耗。换盆分株时剪除黄叶和腐烂老根。

繁殖

兰株开花后，新根和新芽尚未长大之前，是分株繁殖的最佳时期。此时要将花茎剪下，否则新芽生长不好，导致分株后来年不能开花。如果分株时根部受到损伤，应及时剪平，新根将会很快长出。

病虫害

主要病害有炭疽病、黑斑病和锈病，发病初期用 70% 甲基托布津可湿性粉剂 800 倍液喷洒，并注意室内通风。虫害有介壳虫、粉虱和蚜虫，发生时可用 40% 氧化乐果乳油 1500 倍液喷杀。

 新手常见问题解答

1. 如何选购大花蕙兰?

答：对一般消费者来说，最好选购不太占空间的小型种或中型种。由于花店和批发市场出售的大花蕙兰都采用催芽或催花处理，因此选购盆花时，要买开花多的兰株，不要买花蕾多的兰株。因为买回的兰株在家庭常温中养护，由于环境的变化，容易发生落蕾，反而缩短观花时间。

2. 大花蕙兰为什么要摘芽?

答：大花蕙兰在老的假鳞茎上有时会长 2 个新芽，只需保留 1 个健壮的新芽，另 1 个应去掉，如果拔掉新芽后又长出芽来，需继续摘除，若不处理，2 个新芽一起长，结果只长叶而不开花。另外，夏季长出的新芽，一般不能充分生长，形成不了能开花的花茎，因此，此类新芽要及时清除。通常早花品种在 9 月出现花芽，晚花品种在 10 月底出现花芽，这些花芽都是从当年新生茎的基部长出的，此时也会长出叶芽来，应及时摘除，否则会影响花芽的正常发育。

大岩桐

每年春秋两季，盛开的大岩桐为"五一"和国庆佳节增添不少喜庆的色彩。艳丽、大朵的花很容易营造居室的欢乐气氛。

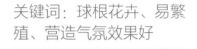

关键词：球根花卉、易繁殖、营造气氛效果好

原产地：
巴西。

习性：
喜温暖、湿润和半阴环境。夏季怕强光、高温，喜凉爽；冬季怕严寒和阴湿。生长适温16℃～23℃，冬季10℃～12℃。夏季高温多湿，植株被迫休眠，冬季不低于5℃。

花期：
夏季。

⑤ 参考价格

盆径12～15厘米的每盆15～20元。

☀ 摆放／光照

喜半阴，怕强光。宜摆放在有纱帘的朝东和朝南窗台或阳台，室内摆放时间也不能太久，否则花瓣易褪色，叶柄柔软下垂。

浇水

苗期盆土保持湿润，花期每周浇水 2 次，防止过湿，从盆边或叶片空隙浇下，盆土需湿润均匀，切忌向叶面淋水，否则会造成叶斑或腐烂，且容易感染病菌。

施肥

生长期每 2 周施肥 1 次，肥液不能沾污叶片。花期每 2 周施磷钾肥 1 次或用"卉友" 15–15–30 盆花专用肥。

换盆

播种苗具 6 ~ 7 片叶时，定植于 12 ~ 15 厘米的盆。盆土用肥沃园土、腐叶土和河沙的混合土。栽植时，块茎需露出盆土，每个块茎只留一个嫩芽。刚买的开花盆栽一般不需要换盆，要待开花结束后再换盆。大岩桐的花期特别长，可从 5 月开至 10 月，其中高温的 7 ~ 8 月，植株往往处于半休眠状态，开花暂定。为此，大岩桐换盆的时间是：春季 4 月，块茎开始萌芽时；或待开花结束后换盆。

修剪

花后不留种，及时剪除开败的花茎，可促使新花茎形成、继续开花和块茎发育。发现黄叶和残花应及时摘除。

繁殖

春季采用室内盆播，种子细小，播后不必覆土，发芽适温 15℃~21℃，播后 2 ~ 3 周发芽，幼苗具 6 ~ 7 片真叶时盆栽，秋季开花。也可叶插繁殖，剪取健壮充实的叶片，叶柄留 1 厘米剪下，稍晾干，插入珍珠岩或河沙中，遮阴保湿，插后 10 ~ 15 天生根。春季还可用分割块茎繁殖。

病虫害

常见叶枯性线虫病，拔后除病株烧毁外，盆钵、块茎、土壤均需消毒。幼苗期易发生猝倒病，注意播种土的消毒。生长期有尺蠖咬食嫩芽，可人工捕捉或在盆中施入呋喃丹诱杀。

新手常见问题解答

1. 如何选购大岩桐？刚买回的大岩桐如何摆放与养护？

答：盆花要求植株矮壮，花茎粗，花朵大，花色艳，重瓣、双色、斑叶者更佳，无缺损，无污迹，无病虫危害。购休眠块茎时，要粗壮、充实、新鲜、外皮清洁，无病虫痕迹，块茎的直径不小于 2 厘米。买回的盆花摆放在有明亮光照和通风的场所，注意浇水，保持盆土湿润。空气干燥时可向周围喷雾，不能向叶片和花朵上喷淋，否则花瓣和叶片容易发生焦斑或腐烂。

2. 大岩桐花后能结种吗？

答：大岩桐留种必须进行人工授粉，用干净的软毛笔将花粉传递到柱头上。因为大岩桐的花柱高于花药，雄蕊早熟，故自花难孕，只有通过人工授粉才能提高结果率。授粉后还应剪去花瓣，以免花瓣霉烂影响结实。一般授粉后 30 ~ 40 天果实才能成熟。

倒挂金钟

倒挂金钟算是一种传统花卉,但园艺界培养的新品种也层出不穷,特别是国外引进的,花型、花色极为丰富。

 原产地:
墨西哥高原地区。

 习性:
喜凉爽、湿润和阳光充足的环境。较耐寒,怕高温,生长适温15℃~22℃,冬季不低于5℃植株照常生长,有些品种可耐–5℃低温。超过25℃枝叶生长受阻,35℃以上高温植株易枯萎死亡。

 花期:
夏季。

关键词:
木本花卉、品种繁多、花色丰富

$ 参考价格
盆径12~15厘米的每盆10~15元。

☀ 摆放 / 光照
倒挂金钟需充足的阳光,光照不足会造成枝叶徒长、瘦弱、叶片发黄和落蕾、不开花,但夏季要避开强光暴晒。盆栽宜摆放在朝南或朝东的窗台和阳台,室内摆放时间不宜过长。

🔥 浇水

春秋季每 1～2 天浇水 1 次，土壤表面必须干燥发白时再浇；夏季每 1～2 天浇水 1 次，可多喷水，起到降温和增加空气湿度的作用，浇水过多会引起烂根。冬季每周浇水 1 次，盆土过湿会影响正常开花。

🪴 施肥

生长期每半月施 1 次，用腐熟饼肥水或用"卉友"15-15-30 盆花专用肥。夏季停止施肥，放通风凉爽处。开花前需控制肥料施用量，以免茎叶生长过盛，影响开花。

🪹 换盆

盆栽用 15 厘米的盆，每盆栽苗 2～3 株，用腐叶土或泥炭土、培养土和沙的混合土，也可用肥沃园土、腐叶土和珍珠岩的混合土。每年春季换盆，对植株加以短截或重剪。

🌸 繁殖

全年都可以扦插，以春季用顶端嫩枝和夏末用半成熟枝扦插最好，长 7～9 厘米，插后 10 天左右生根，30 天后上盆，当年即能开花。水插成活率亦高。也可春秋季播种，发芽适温 15℃～24℃，播后 2 周发芽，春播苗第 2 年可开花。

✂ 修剪

苗期摘心 2～3 次，第一次在 3 对叶时，留 2 对叶片摘心，促发分枝。当新枝长出 3～4 对叶时，第二次摘除顶部 1 对叶。一般保留 5～7 个分枝，疏除多余的细枝、弱枝。摘心后 2～3 周开花。随时剪去凋谢的花朵，促使新花芽形成，花后对过长的枝条加以短截。栽培多年的老株基部光秃时，需重剪更新或淘汰。

🐛 病虫害

主要发生灰霉病和锈病。发病初期，灰霉病用 50% 多菌灵可湿性粉剂 1000～1500 倍液喷洒；锈病用 50% 退菌特可湿性粉剂 800～1000 倍液喷洒防治。虫害有蚜虫、红蜘蛛和白粉虱，发生时用 25% 噻嗪酮可湿性粉剂 1500 倍液喷杀。

新手常见问题解答

1. 如何选购倒挂金钟？刚买回的如何摆放与养护？

答：盆栽要求株形开展、下垂、分枝多、枝叶均称、繁茂，叶片深绿，无缺损和黄叶，花蕾多，已开始开花的为好，尤以花大、重瓣、双色品种更好。不买植株基部光秃、裸茎和尚未开花的植株。买回的植株摆放在阳光充足的朝南阳台、窗台和厅室的花架。不要摆放在光线不足的场所，容易落蕾、落花。倒挂金钟对乙烯敏感，盆栽植株不要与水果摆放在一起。

2. 倒挂金钟一到夏季为什么容易叶片发黄和落蕾落花？

答：倒挂金钟喜凉爽气候，尤其在花期，如果现蕾开花期遇上高温多湿天气，夜间温度超过 25℃ 时，叶片开始发黄，随后会出现落蕾落花，变成光秃的植株。夏季气温升高时，盆栽植株应搬到通风好的半阴凉爽场所。也可将花枝上部剪去 1/3～1/2，促使植株进入休眠期，待立秋后重新萌发新花枝，继续开花。

文心兰

文心兰的花很奇特，就像在跳舞的少女，所以也叫舞女兰。它的花枝长，花小而密，小巧玲珑，富有奇趣。风姿潇洒，摇曳多姿，给居室带来青春活泼的气息。

关键词：洋兰、品种多样、花期长、年宵花

 原产地：
美国、墨西哥、圭亚那和秘鲁。

 习性：
喜温暖、湿润和半阴的环境。不耐寒，耐阴，怕干旱和强光。生长适温12℃～23℃，冬季不低于8℃。空气湿度50%～60%。

 花期：
冬季开花种，花期在12月至1月；春季开花种，花期4～5月；夏季开花种，花期6～8月；秋季开花种，花期10～11月。

$ **参考价格**
盆径12～15厘米的每盆50～60元。

☀ **摆放/光照**
喜半阴，怕强光。春末初夏室外养兰时，应遮光30%，盛夏需遮光50%，秋季遮光20%～30%。冬季盆兰摆放在阳光充足的阳台或窗台。

浇水

文心兰喜湿润,怕干旱,除冬季休眠期要求稍干燥以外,生长期切忌干旱。盆内水苔干燥后再浇水,干湿交替有助于促进根部生长和开花。花期水分不足,花蕾容易败育、枯黄和脱落。休眠期保持水苔稍湿润,空气干燥时,晴天上午给叶面喷雾。

施肥

3~10月是新芽生长期和花蕾发育期,每半月施肥1次,可用"花宝"原肥的3000倍稀释液,同时,每半月还可用"叶面宝"的4000倍稀释液喷洒叶面加以补充。为了安全越冬,防止兰株生长过快和文心兰开花时,停止施肥。

换盆

家庭盆栽常用直径15厘米的盆,也可用蕨板、蕨柱或椰子壳。用树蕨块3份、苔藓和沙各1份或用树皮块3份、碎砖块或山石1份的混合基质。冬季开花的品种,花后结合分株换盆。将长满盆钵的兰株挖出,去除根部的旧水苔,剪除枯萎的衰老假鳞茎,把带2个芽的假鳞茎剪下分株。在根之间塞上新的水苔,盆栽时给新芽生长留出空间,栽后先放半阴处,1~2周后再浇水。

修剪

夏花品种,花后从基部剪除花茎。开花前从假鳞茎内侧抽出的花茎伸长到30~40厘米时,需设支柱绑扎支撑,防止倒伏。

繁殖

家庭栽培以分株为主。春秋季进行,常在4月下旬至5月中旬新芽萌芽前结合换盆进行。脱盆后剪除枯萎的衰老假鳞茎,将带有2个芽的假鳞茎剪下盆栽。

病虫害

常见黑斑病、软腐病和锈病危害。发病初期分别用75%百菌清可湿性粉剂1000倍液、50%多菌灵可湿性粉剂500倍液和20%三唑酮可湿性粉剂1500倍液喷洒。虫害有介壳虫和红蜘蛛,发生时分别用40%氧化乐果乳油1000倍液和2%农螨丹1000倍液喷杀。

新手常见问题解答

1. 新手如何选购文心兰?

答:新手购买盆栽文心兰时,一是要选择分枝多、香气好、花量大的品种,这样看起来丰富、充实,具有整体美,观赏期亦长;二是要选择不同季节开花的种类,进行品种搭配,这样可以全年不断地欣赏;三是购买兰株要注意季节,若冬季购买,必须选择接近满开状的盆花,而其他季节可选花蕾多的盆花。

2. 买回来的兰株如何摆放与养护?

答:冬季购买开花的文心兰在居室观赏时,宜摆放在阳光充足的阳台或窗台,遮光20%~30%,室温保持在13℃~15℃。雨雪天给予人工光照补充。切忌放在直射光下和室温超过20℃的环境。不宜在叶片和花瓣上多喷水,易出现斑点和腐烂。

多花报春

多花报春是著名的高山植物，也是我国西南地区的四大名花之一。近年来，通过育种，花朵更大，花色更加丰富，在世界各国栽培更加广泛，已成为圣诞节、新年、春节期间主要的年宵花卉。

关键词：
年宵花、花色丰富

 原产地：
杂交培育的栽培品种。

 习性：
冬季喜温暖，夏季需凉爽，怕高温受热后会整株死亡，低温多湿易诱发病害。生长适温 13℃ ~ 18℃，冬季不低于 12℃ 照常开花，5℃ 以下花、叶易发生冻害。

 花期：
冬末至春季。

⑤ 参考价格
盆径 12 ~ 15 厘米的每盆 10 ~ 15 元。

☀ 摆放 / 光照

喜阳光充足，怕强光暴晒。宜摆放在阳光充足的朝东和朝南的窗台或阳台。开花时不宜多搬动，易造成叶片破损、落花和植株倾倒。

◑ 浇水

生长期和盛花期需多浇水，不能淋湿叶片。花后正值盛夏高温，要控制浇水，移放至凉爽、干燥、半阴和通风的场所。

✄ 修剪

花谢后剪去花茎和摘除枯叶。

▣ 施肥

生长期每旬施肥 1 次，用"卉友"20-7-7 酸肥。始花时增施 1 ~ 2 次磷钾肥。

▤ 换盆

苗株具 6 ~ 7 片真叶时移至直径 10 ~ 12 厘米的盆中，根颈部应露出土面。用泥炭土、肥沃园土和沙的混合土。

✿ 繁殖

播种繁殖不太适合家庭，可分株繁殖，秋季将越夏的母株从盆内托出，掰开子苗，可直接上盆。

↻ 病虫害

叶片和幼苗常见叶斑病、灰霉病和炭疽病，发病初期可用 65% 代森锌可湿性粉剂 500 倍液或 50% 炭疽福美 500 倍液喷洒。虫害有蚜虫和红蜘蛛危害花茎和叶片，蚜虫可用 2.5% 鱼藤精乳油 1000 倍液喷杀，红蜘蛛用 20% 三氯杀螨砜或 50% 霸螨灵 2000 倍液喷杀。

 新手常见问题解答

1. 家庭培育多花报春为什么比较困难？

答：多花报春由多种报春花杂交培育而成，其亲本均属高山花卉。由此，培育多花报春必须在冬季温暖、夏季凉爽的环境进行下，这对一般家庭来说难于做到。其二，种子寿命短，陈种发芽率很低，从一般花卉商店购种子，很难买到新鲜种子，育苗就很困难。家庭以购盆花为妥。

2. 如何选购多花报春? 买回后如何摆放与养护？

答：盆花要求株丛健壮，完整，叶色深绿，花葶粗壮，刚抽出，并已始花，花色纯正、鲜艳，不缺瓣。盆花需摆放在有明亮光照的朝南或朝东窗台和阳台。对乙烯敏感，要远离水果。报春花全株含有报春花碱，凡对报春花碱过敏者要谨慎，否则会引起皮炎或不适。

非洲凤仙

非洲凤仙是目前垂吊花卉应用最广泛的种类之一，也是国际上著名的装饰盆花。茎秆透明，叶片亮绿，繁花满株，色彩绚丽，全年开花不断。很适合装饰吊篮、花球等。

关键词: 可垂吊、易繁殖、装饰效果好

 原产地:
非洲东部热带地区。

 习性:
喜温暖、湿润和阳光充足的环境。不耐寒，怕酷热和烈日，忌旱，怕涝。生长适温 17℃ ~ 20℃，冬季不低于 10℃，5℃以下植株易受冻害，花期室温高于 30℃会引起落花。

 花期:
夏季。

⑤ 参考价格
盆径 12 ~ 15 厘米的每盆 10 ~ 15 元。

☀ 摆放 / 光照

喜阳光充足，怕烈日暴晒，宜摆放在阳光充足的朝东和朝南窗台或阳台。室内光线较差的场所不宜久放。

💧 浇水

生长期需充分浇水，春季每周浇水 2 次，夏季高温季节适当控制浇水，秋季每 2 ～ 3 天浇水 1 次，冬季每周浇水 1 次。保持盆土湿润，苗期切忌脱水或干旱。浇水时切忌直接将水淋在花瓣上，以免花瓣受损。

🧪 施肥

3 ～ 10 月生长期每半月施肥 1 次，用腐熟饼肥水或"卉友" 20-20-20 通用肥。花期增施 2 ～ 3 次磷钾肥。夏季控制施肥量，冬季停止施肥。

🪴 换盆

用直径 12 ～ 15 厘米的盆，每盆栽苗 3 株，用腐叶土或泥炭土、肥沃园土和河沙的混合土。

✂ 修剪

苗高 10 厘米时摘心 1 次，促使分枝。花后及时摘除残花。

🌸 繁殖

早春采用室内盆播，种子细小，发芽适温为 16℃～ 18℃，播后 10 ～ 20 天发芽，从播种至开花需 8 ～ 10 周。扦插，春季至初夏进行，剪取顶端枝，长 10 ～ 12 厘米，插入沙床，在室温 20℃～ 25℃条件下，约 20 天生根，30 天后盆栽。

🐛 病虫害

常发生叶斑病、灰霉病和茎腐病危害，发病初期用 50% 多菌灵可湿性粉剂 1000 倍液喷洒防治。虫害有蚜虫、红蜘蛛和白粉虱，发生时用 40% 氧化乐果乳油 1500 倍液或 90% 敌百虫晶体 1000 ～ 2000 倍液喷杀。

 新手常见问题解答

1. 如何选购非洲凤仙？买回后如何摆放与养护？

答：盆花株形美观、丰满，叶片密集紧凑、翠绿，花蕾多并有部分开花为好。吊盆要求茎叶封盆（封盆指植株的叶茎生长繁茂已将盆口全部覆盖），四周茎叶下垂匀称，花蕾多，有一半开花者为宜。刚买回的盆栽需摆放在阳光充足的窗台或阳台，保持 12℃以上，每周浇水 1 次，低于此温度叶片可能发黄甚至基部叶片发生掉落。若保持 16℃以上，植株照常开花不断。

2. 盆栽非洲凤仙叶片发黄脱落，是什么原因？

答：叶片发黄脱落的原因很多，譬如室温过低或过高、红蜘蛛严重危害、盆内缺肥、盆土脱水或过湿烂根、长期光照不足和发生严重病害等，都会造成叶片发黄然后掉落。补救的办法必须"对症下药"，改善栽培环境。

非洲紫罗兰

非洲紫罗兰又名非洲堇，植株小巧玲珑，花色斑斓，极富诗意。在花卉论坛尤其受到花友追捧，是花友们热衷于交换和养植的盆花之一。

关键词：花色丰富、花期长、繁殖容易，花友热捧盆花之一

 原产地：
坦桑尼亚。

 习性：
喜温暖、湿润和半阴的环境。夏季怕强光和高温，冬季怕严寒和阴湿。生长适温 16℃～24℃，冬季 12℃～16℃。夏季超过 30℃、冬季低于 10℃均对生长不利。空气湿度以 70%～80% 为合适。

 花期：
全年。

💲 参考价格

盆径 12 ~ 15 厘米的每盆
15 ~ 20 元。

💧 浇水

生长期每周浇水 1 ~ 2 次，
保持盆土湿润，夏季高温时喷水
增加空气湿度。盆土过湿易烂根，
叶片上有绒毛，浇水时切忌沾污
叶片，宜用无钙水。无钙水是指
不含石灰质的水。如果水中含有
过多的矿物元素如石灰质或过
量的有毒物质如自来水中的氯，
这些有害物质的聚集，会导致植
物萎蔫。

☀ 摆放 / 光照

喜半阴，怕强光。宜摆放在
朝东、朝南的窗台或阳台，有明
亮光照的书桌或地柜也可以。

🧪 施肥

生长期每半月施肥 1 次，
每 2 周施磷钾肥 1 次。如果肥
料不足，则开花少，花朵小。
室温低时停止施肥。

🪴 换盆

盆栽用直径 12 ~ 15 厘米的
盆，用泥炭土、肥沃园土或水藓、
珍珠岩的混合土。

✂ 修剪

花后不留种，摘去残花。

🌼 繁殖

家庭常用叶插繁殖，夏季
选取健壮充实的叶片，叶柄留
2 厘米剪下，稍晾干，插入沙
床，室温 18℃ ~ 24℃，插后
3 周生根，8 ~ 12 周形成幼苗。

🐛 病虫害

在高温多湿条件下易发生
枯萎病、白粉病和叶腐烂病，
发病初期可用 10% 抗菌剂 401
醋酸溶液 1000 倍液喷洒。虫
害有介壳虫和红蜘蛛，危害时
用 40% 氧化乐果乳油 1000 倍
液喷杀。

 新手常见问题解答

1. 怎样选购盆栽非洲紫罗兰？

答：盆花要求植株健壮，叶片肥厚，排列有序，斑
叶者更佳，无缺损、无病虫，花蕾多，有部分花朵已开
放，花色鲜艳，重瓣者更好。携带过程中注意包装，切
忌造成断叶缺花，影响观赏效果。

2. 买回的植株如何摆放与养护？

答：刚买回的非洲紫罗兰可摆放在浴室和厨房等
潮湿的环境，但不要向多毛的叶面喷雾。夏季盆花摆
放位置距窗户 3 ~ 4 米为宜。对乙烯特别敏感，必须
远离水果。雨雪天光照不足时，应增加人工光照，让
花开得更好。

芙蓉酢浆草

芙蓉酢浆草是一个新颖的球根花卉和地被植物。家庭可盆栽，庭院和城市绿化则用于布置花坛、花境、花槽，株丛密集，花姿柔美可爱，富有自然情趣。

关键词：球根、花期长、易栽培、易繁殖

 原产地：
非洲南部。

 习性：
喜温暖、湿润和阳光充足的环境，较耐阴，耐干旱，忌高温干燥。生长适温 20℃ ~ 28℃，冬季能耐 -5℃低温。

 花期：
秋季至春季。

剪除残花

💲 参考价格

盆径 12 ~ 15 厘米的每盆 15 ~ 20 元。

☀ 摆放/光照

喜光，也耐半阴。盆花摆放在光照充足和通风的场所才能不断开花，半阴处花朵不开。

💧 浇水

生长期盆土保持湿润，夏季休眠期减少浇水，盆土保持稍湿即行。

🧴 施肥

生长期每 2 周施肥 1 次，可用腐熟饼肥水，抽出花茎时施磷钾肥 1 次。休眠期停止施肥。

🪴 换盆

盆栽用直径 15 ~ 20 厘米的盆，每盆栽 1 ~ 3 个鳞茎，栽植深度为 2 ~ 3 厘米盆土用泥炭土、蛭石和珍珠岩的混合土。

✂ 修剪

生长期随时摘除黄叶和枯叶，花后摘除残花或僵花。

🌱 繁殖

主要用分株繁殖，母株旁生多个球茎，掰下小球茎可直接盆栽，栽植深度为 4 ~ 5 厘米，都能长成植株，开花。球茎上布满"芽眼"，只要将球茎切成小块，栽植深度 2 ~ 3 厘米，1 个月后就能长出新叶。春季盆栽的球茎，当年多数能开花。

🦋 病虫害

常见有灰霉病、叶斑病和根腐病，可用 25% 多菌灵可湿性粉剂 600 倍液喷洒或浇灌防治。高温干燥季节有红蜘蛛危害，可造成叶片枯黄死亡，发生时用 40% 氧化乐果乳油 1500 倍用液喷杀。

 新手常见问题解答

1. 如何选购芙蓉酢浆草盆花和鳞茎？

答：盆花要求叶片碧绿青翠，基本封盆，花苞多，已有 2 ~ 3 朵开花的盆株为好，无缺损，无病虫危害。购球茎时，要求圆形、充实、饱满，布满"芽眼"，清洁，无病虫痕迹，球茎周径在 3 ~ 4 厘米以上。

2. 买回的盆花如何摆放与养护？

答：买回的盆花摆放在有明亮光照和通风的场所。注意浇水，保持盆土湿润。空气干燥时可向叶面喷雾，开花时不能向花朵喷淋，否则花瓣易发生焦斑。

瓜叶菊

瓜叶菊是冬春季装饰盆花，它最大的吸引力是五彩缤纷的头状花，尤其是那深浅不同的蓝色花在盆栽花卉中最不多见。

关键词: 色彩丰富、年宵花、价格低廉

 原产地:
加那利群岛。

 花期:
冬季至春季。

 习性:
喜温暖、湿润和阳光充足的环境。不耐高温，怕霜雪。生长适温5℃~20℃，白天不超过20℃，以10℃~15℃最合适，10℃有利于花芽分化，夜间不低于5℃。室温高易徒长，气温低妨碍植株生长，花朵小。

💲 参考价格

盆径15~20厘米的每盆10~15元。

☼ 摆放/光照

喜阳光充足，怕强光暴晒和光照不足。宜摆放在阳光充足的朝东和朝南窗台或阳台，室内摆放时间不能太久，否则花瓣褪色，花序松散，种子质量差。

💧 浇水

生长期每周浇水2次，保持盆土湿润，空气干燥时可向地面和盆面喷水或向空中喷雾。但盆土过湿或湿度过大易导致病害发生。

🗓 施肥

生长期每半月施1次稀释的腐熟饼肥水，花蕾出现后增施1~2次磷钾肥或"卉友"15-15-30盆花专用肥。

🪴 换盆

苗株经2~3次移栽后，定植于直径12~15厘米的盆中，盆土用肥沃园土、腐叶土和沙的混合土。

 繁殖

秋播采用室内盆播,播后不必覆土,发芽适温21℃～24℃,约2周发芽,从播种至开花因品种和播种时间的不同,需3～5个月。一般9月播种,翌年2月中旬开花,10月播种,翌年3月开花。

新手常见问题解答

1. 如何选购瓜叶菊? 买回后如何摆放与养护?

答:以植株矮生,整体比较紧实、圆整为好,叶片厚实、较多,无白粉病和蚜虫。花株丰满,呈馒头形,有1/4～1/3花朵开放者为佳。如果花朵上已散发着花粉,表明植株已老化,不要购买。花朵大小整齐;花瓣完整;花色鲜艳,色调一致。买回含苞欲放的瓜叶菊需摆放在光照充足的朝南窗台或阳台,花开之后或购买的开花盆株宜放室内明亮、室温不高的地方,要定时拿到窗台上晒太阳。另外,摆放的位置要远离空调的热风口和果盘。

2. 瓜叶菊家养要注意哪些问题?

答:室温不能过高,否则茎叶徒长,非常难看,花期也会缩短。如果室温过低,叶片、花瓣受冻,只能倒掉。盆土过湿,容易徒长、罹病,盆土过干,叶片凋萎。阳光充足,则叶厚色深、花色鲜艳;若光照过强,叶片会出现卷曲、缺乏光泽。

修剪

为了控制株高,使花序更紧凑,可用0.05%～0.1%比久液喷洒叶面2～3次。

病虫害

常见灰霉病和白粉病的危害,发病初期用65%代森锌可湿性粉剂600倍液喷洒。春季有蚜虫危害花枝,发生时可用40%氧化乐果乳油1500倍液喷杀。室内观赏时加强通风换气,可减轻病虫害发生。

桂 花

桂花是我国传统十大名花之一，桂花树姿挺秀，花时浓香扑鼻。在南方常露天栽培，孤植或丛植在古典园林中，可与亭台楼阁或假山奇石相配。在北方常室内盆栽。

关键词：传统花卉、花可食用、易栽培

 原产地：
喜马拉雅地区、中国和日本。

 花期：
秋季。

 习性：
喜温暖、温润和阳光充足的环境。不耐严寒和水湿，耐半阴。生长适温18℃~28℃，冬季耐 -8℃低温。遇高温、干燥天气，开花推迟，若秋季气温偏低、雨水多，则开花提早。冬季遇严寒，会发生冻害导致落叶。

💲 参考价格

茎干直径2厘米，有一定树冠，每株30~40元；茎干直径3厘米，有一定树冠，每株70~80元。

☀ 摆放/光照

喜阳光充足，耐半阴。苗期需适当遮阴，以免强光灼伤嫩叶。成年植株如果长期处于光线不足的场所，茎叶容易徒长，影响树姿和开花。盆栽宜摆放在朝东或朝南的窗台和阳台。

💧 浇水

生长期盆土保持湿润，每2~3天浇水1次，夏秋季可每天浇水1次；花前应注意浇水，花期要控制浇水，不宜过湿；冬季少浇水，保持盆土稍湿润即可。

🧪 施肥

盆栽生长开花期每月施肥1次，用腐熟饼肥水或"卉友"20-20-20通用肥。庭院地栽每年冬季和7月各施肥1次，冬季在根际周围开沟施肥。

换盆

盆栽用20～30厘米的盆，用肥沃园土、腐叶土和沙的混合土。株高40厘米的桂花，每年春季换盆，成年植株可隔2～3年换盆。庭院地栽的如需要移栽，可在春季或秋季进行，栽植时不宜过深，并修剪树冠。

修剪

每年冬季修剪，剪除病枝、弱枝，短截徒长枝，促使萌发新花枝，多开花。

繁殖

春末采种后即播或沙藏至翌年春播，播后3～4周发芽，苗期生长快，但始花期长。扦插：初夏剪取半成熟枝扦插，插后8～12周生根。压条：春季选用分枝低或丛生母株，将1～2年生枝条压入土沟内固定，使梢端、叶片在外，翌春与母株剪离分栽。嫁接繁殖：3～4月采用腹接，砧木用女贞或小蜡，嫁接成活率高。常用于四季桂的繁殖。

 新手常见问题解答

1.如何选购桂花？买回后如何摆放与养护？

答：盆栽要求株形矮壮、树冠优美，株高不超过1米；分枝多，枝条分布均衡，不缺枝；叶片密集，看不到枝条，深绿色，无缺损；枝条上着生的花蕾要多，有部分已开花，花橙红色，并散发出阵阵香气。买回的盆栽或苗株需摆放和种植在阳光充足和通风的朝南窗台或庭院内。不要放于光线差、通风不畅的场所。适当向叶片喷水、喷雾或疏剪部分枝叶，以减少水分蒸发，有利于恢复生长。

2.我家的一盆桂花,长得又大又好,就是不开花,不知什么原因?

答：一般来说，自然生长的桂花指播种实生苗或从树林中挖回来的小苗，需要栽培十多年才能含蕾开花。而从花市上买的盆栽桂花，都是选取开花植株作接穗的嫁接苗，由此就能年年开花。道理十分简单，你那盆桂花虽然长得很大，但还没有到开花年龄，需要耐心等待。

病虫害

常发生叶枯病和褐斑病，发病初期用波尔多液或50%多菌灵可湿性粉剂1000倍液喷洒。虫害有红蜘蛛、粉虱、介壳虫和军配虫，发生时用40%氧化乐果乳油1000倍液喷杀。

蝴蝶兰

蝴蝶兰是兰科植物中栽培最广泛，最受欢迎的洋兰之一。花形别致，花期又长，已成为家庭和公共场所室内装饰中最重要的切花和盆花，还常用于婚礼中新娘和傧相的捧花和襟花。

关键词: 最受欢迎的洋兰、年宵花

 原产地:
栽培品种的原生种主要分布于印度、缅甸、越南、中国南部、马来西亚、菲律宾、印度尼西亚至澳大利亚、巴布亚新几内亚，以菲律宾为分布中心。

 习性:
喜温暖、多湿和半阴环境；不耐寒，怕空气干燥和干风。生长适温14℃ ~ 24℃、相对湿度60% ~ 80%。

 花期:
冬春季。

💲 **参考价格**
　2 ~ 3 支盆栽 200 元左右，6 支组合盆栽 400 ~ 450 元。

☀ **摆放/光照**
　喜半阴环境，冬季兰株始花时，遮光 30% 为好，生长期以遮光率 60% ~ 70% 最为合适。切忌强光直射或暴晒，那样叶片容易被灼伤。宜摆放在朝东、朝南的窗台、阳台和光线明亮的客厅、书房。

🧴 **施肥**
　5 月下旬刚换盆，正处于根系恢复期，不需施肥。6 ~ 9 月为新根、新叶生长期，每周施肥 1 次，用"花宝"液体肥稀释 2000 倍液喷洒叶面或施入盆中。夏季高温期可适当停施 2 ~ 3 次，10 月以后兰株生长趋慢，减少施肥，以免生长过盛，影响花芽形成，致使不能开花。进入冬季和开花期则停止施肥若继续施肥会引起根系腐烂。

浇水

冬季花期每周浇水 1 次，花后转入生长期，气温升高，每 2～3 天浇水 1 次，室外早晨气温超过 18℃时，将兰株搬到室外养护，每天浇水 1 次。夏季除浇水外，多向叶面喷水，增加空气湿度。在室外早晨气温降到 15℃以前，将兰株搬进室内养护，每 2～3 天浇水 1 次，用不含钙质的水。对即将抽出花茎的蝴蝶兰，要保持基质湿润，但盆内切忌过湿，防止兰叶心部积水和晚间向叶面喷水。

换盆

换盆的最佳时期是 5 月下旬，此时气温比较稳定，花期刚过，新根开始生长。若换盆时温度在 20℃以下，兰株恢复慢，稍有管理不当易引起兰株腐烂。换盆时，可用刀沿盆内壁轻轻转动，使根脱离内壁，或者击破兰盆直接取出。用手指将下部的旧基质挖出，修剪根系，将干枯的老根、有锈斑的根、断根剪去，将浸湿好的苔藓、蕨根放在根系底部，再用湿苔藓将根系四周包住，但要使根系均匀散开。然后栽入盆钵中，注意苔藓不宜包得过紧，否则容易导致根部过湿。

修剪

分株繁殖过程中要去除基部自然干枯的黄叶，剪除干瘪和损伤的根。另外，待花朵完全凋萎后，将花茎全部剪掉，对于有 5 片叶以上的健壮兰株，可留下花茎下部 3～4 节进行缩剪。

繁殖

新手以分株繁殖为主，当大部分根系长出盆外，从花梗上的腋芽发育成子株并长出新根时，可从花梗上切下分株栽植，以花朵完全凋萎后进行最好。

病虫害

有时会发生叶斑病、灰霉病，发病初期可用 75% 百菌清可湿性粉剂 800 倍液喷洒，并注意室内通风，降低空气湿度，剪除病叶。虫害有介壳虫、粉虱，量少时可人工捕捉，用软牙刷擦落介壳虫，也可用 40% 氧化乐果乳油 1000 倍液喷杀。

 新手常见问题解答

1.家养蝴蝶兰如何选购兰株？

答：对蝴蝶兰初养者来说，选择原生种为好（原生种的花瓣一般为纯色种，如白色蝴蝶兰等，花瓣上有斑点、条纹的，多数为杂种），栽培容易获得成功，尤其是白花和红花的蝴蝶兰。对消费者来说，选购盆栽蝴蝶兰时，应选择开花植株，而且已经满株，因为蝴蝶兰对环境适应性差，环境稍有变化就会导致花蕾变黄凋萎。

2.怎样延长蝴蝶兰的观赏时间？

答：兰株买回家，虽然是室内环境，但仍要避免直射光，窗台的纱帘必须拉上，室温保持 15℃以上，不能超过 20℃，并经常给花瓣背面和叶面喷雾，叶面和叶心不能积水。待花朵完全凋萎以后，从基部剪除。

花 烛

花烛是热带地区观花类的代表种。花叶俱美,娇红嫩绿,鲜艳夺目,佛焰苞像一只伸展的红色手掌,俗称红掌。黄色肉穗花序,酷似动物的尾巴,又称猪尾花。盆栽装饰居室,瑰丽华贵。

关键词: 盆花、切花、水培

 原产地:
哥伦比亚、厄瓜多尔。

 习性:
喜高温、多湿和半阴环境。不耐寒,怕干旱和强光。生长适温 20℃~ 30℃,冬季不低于 15℃,否则形成不了佛焰苞,13℃以下会出现冻害。

 花期:
全年。

⑤ 参考价格
盆径 15 ~ 20 厘米的每盆 25 ~ 30 元。

◎ 摆放 / 光照
喜明亮的光照,怕强光暴晒。宜摆放在朝东或朝南的窗台和阳台,也适合有明亮光照的居室。

💧 浇水

生长期应多浇水，并经常向叶面和地面喷水，保持较高的空气湿度对茎叶生长和开花均十分有利。

🧴 施肥

生长期每半月施肥 1 次，用腐熟的饼肥水或"卉友"20-8-20 四季用高硝酸钾肥。

🪴 换盆

盆栽用直径 15 ~ 25 厘米的盆，盆土用泥炭土、腐叶土、水苔、树皮颗粒等混合土。一般每 2 年换盆 1 次。

✂️ 修剪

花谢后及时剪去残花，平时必须剪去黄叶、断叶和过密叶片。

🌱 繁殖

主要用分株繁殖，春季选择 3 片叶以上的子株，从母株上连茎带根切割下来，用水苔包扎移栽于盆内，20 ~ 30 天萌发新根后重新定植于 15 ~ 20 厘米的盆内。对直立性有茎的花烛品种可用扦插繁殖，剪取带 1 ~ 2 个茎节、有 3 ~ 4 片叶的作插穗，插入水苔中，待萌发新根后再定植于盆内。

🦠 病虫害

常见炭疽病、叶斑病和花序腐烂病等危害，可用等量式波尔多液或 65% 代森锌可湿性粉剂 500 倍液喷洒。虫害有介壳虫和红蜘蛛危害地上部分，可用 50% 马拉松乳油 1500 倍液喷杀。

 新手常见问题解答

1. 听说花烛还可以水培，是这样吗？

答：花烛水培还是比较容易的，将买回家的花烛脱盆后，放在清水中先浸泡一下，然后把根部的土壤慢慢清洗干净，寻找一个与植株大小相适宜的玻璃瓶器，将根系放入，1/2 的根系露出水面，切不可将根系全部淹入水中。一般每周加水 1 次，每旬加 1 次营养液。室温保持在 20℃ ~ 30℃，如果根部长出小吸芽，需及时剪去。

2. 怎样选购盆栽花烛？买回后如何摆放和养护？

答：盆花要株形丰满，叶片完整，深绿，无病斑，花苞多，有 2 ~ 3 朵已发育成完整的佛焰苞者为优。买切花要求花茎直立，充分硬化，不弯曲，佛焰苞已充分发育者为佳。购买幼苗以 4 ~ 5 片叶、根多色白者为宜。刚买回的开花盆栽宜摆放在朝东的居室，冬季放朝南窗台，夏季放朝北阳台。盆花切忌摆放在冷风吹袭的位置，叶片易受冻。向叶面喷水忌用漂白过的自来水或夜间喷水，易诱发病害。

花毛茛

花毛茛层层叠叠的花瓣很容易营造花繁似锦的景观。盆栽可室内养护，地栽可丛植于庭院和草地边缘，也可装饰花槽和台阶。

关键词：球根花卉、品种繁多、色彩丰富

 原产地：
地中海地区、非洲东北部、亚洲西南部。

 习性：
喜冷爽、湿润和阳光充足的环境。较耐寒，也耐半阴，怕强光暴晒和高温，忌积水和干旱。生长适温白天 15℃ ~ 20℃，夜间 7℃ ~ 10℃，冬季不低于 −5℃，夏季有休眠现象。

 花期：
春末初夏。

$ 参考价格
盆径 12 ~ 15 厘米的每盆 5 ~ 10 元。

⚙ 摆放/光照

花毛茛喜阳光充足,耐半阴,怕强光暴晒。宜摆放在朝东和朝南窗台或阳台。地栽或庭院摆放于阳光充足的位置。

💧 浇水

早春生长期盆土保持湿润,露地苗地雨后注意排水。花期保证土壤湿润,开花接近尾声,叶片逐渐老化,逐渐减少浇水。地上部发黄枯萎时停止浇水。

📦 施肥

开花前追肥 1~2 次,花后再施肥 1 次,用腐熟饼肥水或"卉友"15—15—30 盆花专用肥。

🪴 换盆

盆栽用直径 12 厘米的盆,每盆栽苗 3 株,块根栽植深度为 2~3 厘米。盆土用培养土、腐叶土和粗沙的混合土,加少量鸡粪。

✂ 修剪

花后不留种应剪去残花,有利于块根的发育。

🌱 繁殖

5~6 月种子成熟,秋季露地播种,发芽适温为 10℃~18℃,播后 2~3 周发芽,冬季注意防寒和施肥,翌年春季开花。在正规花市购买的种子或者自采的种子成功率比较

高。夏季块根进入休眠,9~10 月进行分株繁殖,将贮藏的块根地栽或盆栽,一般 12 厘米盆栽 3 株,覆土不宜过深,以 2 厘米为宜。出苗越冬后于春季开花。

🌸 病虫害

生长期有灰霉病危害叶片,可用 50% 托布津可湿性粉剂 500 倍液或 50% 多菌灵可湿性粉剂 600 倍液喷洒。花期有蚜虫危害,用 50% 灭蚜威 200 倍液喷杀。生长期还有蛞蝓和蜗牛等软体动物危害花和叶,用 90% 敌百虫 1000 倍液或 50% 氯丹乳液 200 倍液喷杀。

 新手常见问题解答

1. 如何选购花毛茛?买回后如何摆放与养护?

答:盆花植株健壮,株高不超过 30 厘米,花茎粗壮、花朵已初开,花色鲜艳,双色者更佳;叶丛密集,叶片亮绿色。购买种子要饱满、新鲜,以重瓣、双色者为佳。最好到正规的花卉公司购买。购块根要求充实、饱满、新鲜,周径不小于 7 厘米。

2. 听说花毛茛的品种十分丰富,是这样吗?

答:近年来,通过法国、以色列、荷兰、日本等国园艺学家的育种,花毛茛在花型和花色方面有了显著的变化。花型出现了牡丹型、月季型,花色更加丰富,有黄、白、红、粉、橙、紫和双色等,还有深浅各异之别,使花毛茛的观赏品位不断上升。

君子兰

君子兰以叶、花、果三者并美而享誉，叶片晶莹碧绿，花朵大而典雅，果实球形，红如玛瑙。其挺拔的花葶也是插花的佳材。

关键词：
品种丰富、观花观叶、净化空气

 原产地：
西非。

 习性：
冬季喜温暖，夏季喜凉爽。耐旱，耐湿，怕积水和强光。生长适温 20℃ ~ 25℃，冬季不低于5℃，超过35℃叶片易徒长，花葶伸长过高。

 花期：
春季至夏季。

$ **参考价格**
盆径 15 ~ 20 厘米的每盆 80 ~ 100 元，名种每盆 300 ~ 500 元。

☀ 摆放 / 光照

喜阳光充足，也耐阴，怕强光暴晒。适合摆放于厅室的地柜和茶几上。

💧 浇水

生长期每周浇水 2 次，保持盆土湿润；梅雨季防止雨淋和盆内积水；夏秋干旱时向叶面和地面适当喷水。冬季若室温低、土壤水分不足，易产生花茎难抽出的"夹箭"现象。

施肥

生长期每月施肥 1 次，用腐熟的饼肥水。抽出花茎前加施磷钾肥 1 ~ 2 次。

🪴 换盆

盆栽容器的大小以植株的叶片数而定，10 ~ 15 片叶用直径 20 厘米的盆，20 ~ 25 片叶用直径 30 ~ 40 厘米的盆。盆土用腐叶土、炉灰渣和河沙的混合土。每 2 年换盆 1 次，春季或花后进行。

✂ 修剪

花后不留种应剪除花茎。随时剪除黄叶和病叶。

🌱 繁殖

常用播种和分株繁殖。播种以春播为好，发芽适温为 20℃ ~ 25℃，播后 10 ~ 15 天长出胚根，30 ~ 40 天长出胚芽，50 天长出第一片叶子，实生苗栽 4 ~ 5 年才能开花。分株在春季换盆时进行，当子株长至6 ~ 7片叶时，可从母株旁掰下直接盆栽。如果子株根系少，先用细沙栽植，待长出新根后再盆栽。一般子株培养 1 ~ 3 年可开花。

☣ 病虫害

常见白绢病和软腐病。白绢病常发生在根际部，出现水渍状褐色不规则病斑，严重时基部腐烂死亡。盆栽土壤必须消毒，发病初期用 50% 多菌灵可湿性粉剂 500 倍液浇灌土壤。细菌性软腐病病发时，叶片出现淡黄色水渍状斑点，后扩展成褐色腐烂现象。初期用 10%宝丽安（多抗霉素）80 倍液或 12.5% 速保利 1000 倍液交替浇洒，可控制病害发展。

 ## 新手常见问题解答

1. 怎样选购盆栽君子兰? 买回后如何摆放和养护?

答: 选植株具 10 ~ 15 片叶, 以宽而短为宜, 叶片两侧排列整齐, 叶色深绿色有光泽, 有缟叶 (指叶面有各种斑纹的品种) 更佳, 无黄叶、病叶。植株已抽出花茎, 花蕾多并有 1 ~ 2 朵开花, 这样的植株观赏期长。买回后在光线差的室内不宜多放, 需放在有纱帘的阳台或窗台, 如果夜间温度低, 可搬到客厅。开花的君子兰不宜多搬动, 叶片平行于向阳窗台, 一般 10 天左右原地转动 180 度, 防止产生斜叶。

2. 听说君子兰有净化空气的作用, 是这样吗?

答: 君子兰叶片宽厚, 叶面上气孔大, 通过光合作用能吸收空气中大量的二氧化碳, 释放出大量氧气。它放出氧气是一般植物的几十倍。如果在 10 多平方米的室内, 有 3 ~ 5 盆成龄的君子兰, 会把室内的烟雾吸收, 起到调节空气的作用。

3. 如何提高君子兰的结实率?

答: 君子兰为异花授粉植物, 为了促进结实, 必须人工授粉, 当单个小花开放 2 ~ 3 天后, 雄蕊的花粉即成熟, 散出黄色颗粒状花粉。雌蕊在花开 2 ~ 3 天后, 柱头上有黏液分泌时授粉最好, 一般在晴天上午 9 ~ 10 时或下午 2 ~ 3 时, 第 2 天再重复授粉 1 次, 可提高着果率。授粉后至果实成熟需 9 个月, 果实由绿色变为红色或紫红色, 果实紧硬, 表明种子已经成熟。

4. 怎样防止 "夹箭" 现象?

答: 君子兰在冬季常常出现花葶还没有挺出假鳞茎处小花就开放的 "夹箭" 现象, 其主要原因是, 出现花葶时室温低于 12℃或昼夜温差较小、肥料不足、土壤湿度小或浇水不当、假鳞茎过紧等情况所致。只要适当加温和加大浇水量就可预防 "夹箭" 的发生。

梅 花

梅花是我国著名的春季花木和十大名花之一。也是百花之中最早开花的一种, 梅花先天下而春, 被称为百花之魁。每年花时吸引成千上万人踏青赏花。

关键词: 中国名花、喜光、
怕涝、耐寒、怕热

 原产地:
中国和朝鲜。

 习性:
喜稍湿润和阳光充足的环
境, 在通风良好的地方生长
健壮。较耐寒,耐旱和耐瘠薄,
最怕涝。发枝力强,较耐修剪。
生长适温 8℃~20℃, 冬季
能耐 –10℃低温, 30℃以上
易落青叶。

 花期:
冬末至初春。

⑤ 参考价格
盆径 18 ~ 20 厘米的每盆
(带蕾造型) 35 ~ 150 元。

◐ 摆放 / 光照
喜光, 不耐阴。盆梅可摆放
在光线充足的门厅或客厅花架上,
室温不宜高,8℃~10℃为宜,赏
花期长。

🔥 浇水

生长期浇水要透，干后再浇。5～6月稍干，即"扣水"（又叫控水。为促进某些观花、观果木本植物的花芽分化而采取的一种措施。在花芽分化期前减少甚至停止浇水，直至叶片柔软下垂或卷曲的程度时，然后逐渐恢复供水）。有利于花芽分化、枝条生长慢而粗，形成花芽多而紧密。7～10月水分要足，否则会引起落叶，影响花芽形成。秋冬梅花落叶后，浇水适当减少。

🪣 施肥

盆梅需肥不多，新梢生长期施1～2次，6月下旬控制肥水，促进花芽分化。秋季花芽形成时增施1次稀肥。庭院栽植冬季开沟施肥。

🪴 换盆

盆栽花谢后换盆，选择晴天将梅桩脱出，除去宿土，剪除长根、枯根、烂根，将开过花的1年生枝条剪短留基部2～3个芽。盆栽用直径20～25厘米的盆。盆土用肥沃园土、腐叶土和沙的混合土，加少量骨粉。

✂️ 修剪

梅花极易萌生枝条，需经常修剪，疏除密枝、弱枝，夏季剪除不必要的萌芽和新枝。冬季花前剪去杂乱交错的枝条，对徒长枝进行短截，促使多生花枝。一般树势弱的宜重剪，树势强的轻剪，修剪时选好剪口芽方向，达到树形优美。

🌱 繁殖

扦插：冬春用硬枝扦插，剪取一二年生10～18厘米粗壮枝条，插入沙床，如果用0.5%吲哚丁酸溶液处理剪口5～10秒更好，插床在20℃～25℃的条件下，插后30～40天可生根。5～6月也可用嫩枝扦插，在不间断自动喷雾条件下，对插条生根更为有利。压条：常用高空压条，在早春萌芽前或在夏季新梢成熟后进行。选取2年生枝条，离枝顶20～25厘米处行环状剥皮，宽1厘米左右，用腐叶土和塑料薄膜包扎，生根后剪离盆栽。

🐛 病虫害

常发生白粉病，受害叶片卷曲、萎缩干枯，枝条发育畸形。发病初期用70%代森锰锌可湿性粉剂600倍液喷洒。虫害有蚜虫危害嫩枝，天牛蛀食树干，可用40%氧化乐果乳油1000倍液喷杀蚜虫，80%敌敌畏乳油注入天牛危害的孔内灭杀。

新手常见问题解答

1. 如何选购盆栽梅花? 买回后如何摆放与养护?

答: 盆梅以植株矮壮为好, 株高不超过 50 厘米, 分枝多, 分布均匀。盆株花蕾多而密, 大部分含苞露色, 少数已开放, 香气清纯。品种以红色、绿色为好, 更以重瓣、台阁、跳枝、垂枝和龙游等品种为首选。买回的盆梅可摆放在光线充足的门厅或客厅花架上, 室温不宜高, 以 8℃～10℃为宜, 赏花期长。盆土保持湿润, 每次浇水必须浇透, 浇水宜在晴天午间进行, 水温尽量接近气温。同时, 也要防止盆梅脱水。赏花结束至萌芽前换盆。

2. 去年满盆是花, 今年只有几个花苞, 是什么原因?

答: 盆梅开花的多少与修剪密切相关。花后必须修剪, 将开过花的一年生枝条保留 1～2 厘米全部剪短, 并换盆加入新土。夏季剪除过多的新枝, 冬季花前要压低过长的徒长枝。这样的盆梅必定开花繁多。

3. 听说梅花还可以嫁接繁殖, 具体如何操作?

答: 梅花嫁接在 3 月中旬或 9 月中下旬进行。常用切接法, 采用 1～2 年的梅、李、桃、杏等作砧木, 在砧木距地面 3～5 厘米处剪断, 削平, 从一侧稍带木质部垂直切下约 2 厘米。接穗以成年树上一年生枝条的中部一段最合适, 深入木质部向下削一平面, 长 2 厘米, 接穗上留 2～3 个芽, 将接穗与砧木形成层对齐接合并用塑料条绑紧最后封土, 将接穗埋入, 呈馒头形, 以防干燥。封土后常检查, 土太干要喷水, 待接穗吐芽后去除封土和绑扎物, 并随时去砧芽成活后盆栽时只留 2～3 芽就可短截, 保持株矮形美。用桃作砧木嫁接易成活, 生长快, 但易受病虫危害, 寿命短。用杏、李作砧木生长势较旺, 抗寒力强, 适合北方。用梅作砧木寿命长, 病虫害少, 操作难一些。

梅花的嫁接

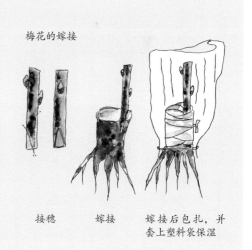

接穗　　　嫁接　　　嫁接后包扎, 并
　　　　　　　　　　套上塑料袋保湿

丽格秋海棠

花团锦簇、绚丽夺目的丽格秋海棠已成为近年来春节年宵花的"主角"之一。不管是悬挂于门厅中的廊柱，还是摆放在书桌、案台，都别致而独特。

关键词:
盆栽、垂吊、年宵花

 原产地:
杂交培育的栽培品种。

 习性:
喜冬暖夏凉和半阴环境。不耐寒、怕干旱和高温。生长适温 15℃～20℃，超过 32℃易引起茎叶枯萎和花芽脱落，冬季不低于 10℃。

 花期:
冬季和春季。

$ 参考价格
盆径 12～15 厘米的每盆 15～20 元。

⚙ 摆放/光照
喜半阴，怕强光暴晒。宜摆放在有纱帘的朝东或朝南的窗台、阳台。长期摆放在室内光线较差的场所会造成茎叶徒长，叶色变淡，花朵不艳和掉落。

💧 浇水

生长期每周浇水 2 ~ 3 次，保持盆土湿润，但不能积水，否则叶色变淡，导致茎部腐烂或发生线虫，如果空气干燥或水分不足，叶尖易发生枯黄和引起落蕾。

🌱 施肥

生长期每半月施肥 1 次，用腐熟的饼肥水，花蕾出现时可增施 1 ~ 2 次磷钾肥或"卉友" 15–15–30 盆花专用肥。夏季高温季节暂停施肥。

🪴 换盆

吊盆栽培用直径 15 ~ 18 厘米的盆，盆土用肥沃园土、腐叶土和粗沙的混合土。

✂ 修剪

花后不留种，及时摘除残花有助于新花朵开放。

🌸 繁殖

常用播种和扦插繁殖。播种：秋冬春季室内盆播，种子细小，每克种子 65000 粒，播后不需覆土，发芽适温 16℃ ~ 18℃，播后 1 ~ 2 周发芽，发芽率高而整齐，播种至开花约五六个月。扦插：剪取健壮的顶端枝或带叶柄的叶片，直接插入沙床，室温保持 17℃ ~ 22℃，处于半阴、湿润环境，约 3 周可以生根萌芽。

🐰 病虫害

主要发生白粉病和灰霉病，要改善栽培环境，注意通风，降低湿度，减少氮肥施用，发病初期用 50% 多菌灵可湿性粉剂 1000 倍液喷洒。虫害有红蜘蛛、蚜虫，发现时用 10% 除虫菊酯乳油 2000 倍液喷杀。

 新手常见问题解答

1. 如何选购丽格秋海棠，买回后如何摆放与养护？

答：盆花要求株形美观、丰满，叶片披针形、紧凑、深绿色，花蕾多并有部分开花者为好。吊盆要求茎叶封盆，四周茎叶稍有下垂、匀称，花蕾多，有一半开花者为宜。刚买回的盆栽需摆放在有纱帘的窗台或阳台，保持 12℃以上，每周浇水 1 次，低于此温度叶片容易发黄，甚至基部叶片掉落。若保持 16℃以上，植株照常开花不断。

2. 为什么我买的丽格秋海棠开过花后，叶片发黄，慢慢就死了？

答：丽格秋海棠是多年生草本，不像球根秋海棠基部有一个肥大的块茎，地上部枯萎后还能从块茎上萌发新芽继续开花。丽格秋海棠是须根类的，开花后要剪除部分茎节，促使基部新芽萌发才能再开花。花后管理不到位，往往会导致茎节萎缩，叶片发黄死亡。

马蹄莲

传统的马蹄莲是白色的,如今在国际花卉市场上,白色与彩色马蹄莲已成为重要的盆花和切花。矮生和小花型品种盆栽更适合家养。

关键词: 球根花卉、品种繁多、色彩丰富

 原产地:
南非、莱索托。

 习性:
喜温暖、湿润和阳光充足的环境。不耐寒和干旱,稍耐阴。生长适温15℃~25℃,若高于25℃或低于5℃,马蹄莲被迫休眠。

花期:
春末至盛夏。

 参考价格
盆径 12 ~ 15 厘米的每盆20 ~ 25 元,彩色马蹄莲更贵些。

☀ 摆放 / 光照

喜阳光充足,稍耐阴。宜摆放在有纱帘的朝东和朝南窗台或阳台。

☂ 浇水

马蹄莲喜水,生长期盆土保持湿润,经常向叶面和地面喷水,保持较高的空气湿度。花后停止浇水,休眠期切忌潮湿,否则块茎容易腐烂。

▢ 施肥

生长期每2周施肥1次,到开花期停止施肥,勿使肥水流入叶柄内而引起腐烂。

▢ 换盆

盆栽用直径12~15厘米的盆,栽3~5个块茎。盆土用肥沃的水稻土,或肥沃园土、泥炭土和沙的混合土,加入少量腐熟厩肥。

✂ 修剪

花后剪去枯黄的叶片和残花,以利块茎膨大、充实。

❀ 繁殖

常用分株和播种繁殖。分株:5~6月花后老叶逐渐枯萎并长出新叶时,或9月中旬换盆时,将母株周围的小块茎

剥下,分级上盆。一般栽植后3个月开花。播种:以室内盆播为主,发芽适温21℃~27℃,播后15~20天发芽,实生苗需培育3~4年才能开花。

▢ 病虫害

块茎在休眠期或贮藏过程中易发生腐烂病,可用抗菌剂401醋酸溶液1000倍液喷洒块茎表面,晾干后贮藏。虫害有红蜘蛛和蓟马,分别用50%乙酯杀螨醇1000倍液和2.5%溴氰菊酯乳油4000倍液喷杀。

 新手常见问题解答

1. 如何选购马蹄莲? 买回后如何摆放与养护?

答:盆花植株挺秀雅致,花苞洁白或彩色,宛如马蹄,叶片翠绿。马蹄莲切花以佛焰苞展开并几乎完全开放、花瓣完整无破损、肉穗花序完整清丽为宜,以保证花瓣色泽展现。购休眠块茎时,要充实、饱满,外皮清洁,无病虫痕迹,块茎周径不小于14~16厘米,否则难于开花。买回的盆花摆放在有明亮光照和通风的场所。注意浇水,保持盆土湿润。空气干燥时可向叶面喷雾,开花时不能向花朵上喷淋,否则花瓣易腐烂。同时,盆花或花枝的位置要远离热源或空调。

2. 听说马蹄莲在应用上非常讲究?

答:马蹄莲宜在婚礼上做新娘的捧花。小而白的马蹄莲宜赠年轻朋友。不过送花时宜送6枝或12枝。6枝赠朋友、同事,意为"六六大顺""六合如意"。12枝赠长辈祝寿,意为"吉祥如意""健康长寿"。忌送单枝。

茉　莉

虎头茉莉

重瓣茉莉

茉莉具有色、香、姿、韵皆佳的风采。盆栽点缀居室，清香宜人。若成片栽植于庭院，更富诗情画意。茉莉花在江南一带还用来制作胸花、花球、花灯，别具一格。

关键词：
花香、不耐寒、喜强光

原产地：
亚洲热带。

习性：
喜温暖、湿润和阳光充足的环境。不耐寒，耐高温，怕干旱。生长适温25℃～35℃，冬季不低于5℃，0℃时轻则叶片、枝梢部分枯萎，重则多数枝条枯萎死亡。

花期：
夏季。

💲 **参考价格**
盆径15～20厘米的每盆10元。

☼ 摆放 / 光照

喜强光，有"晒不死的茉莉"的花谚。盆栽宜摆放在朝南或朝西的窗台和阳台，也可摆放在庭院中光照充足的地方，冬季搬回室内养护。

🔥 浇水

生长期盆土保持湿润，盛夏高温时每天早晚浇水，空气干燥时向茎叶喷水，防止失水落叶。冬季生长迟缓，减少浇水。

📋 施肥

茉莉耐肥，生长期每周施肥 1 次或用"卉友"21-7-7 酸肥。氮肥不足，易出现黄叶。孕蕾初期，在傍晚用 0.2% 尿素液喷洒，促进花蕾发育。

🪣 换盆

盆栽用直径 15 ～ 20 厘米的盆，盆土用肥沃园土和砻糠灰或园土、蛭石、腐叶土的混合土，每年春季或花后换盆。

✂ 修剪

枝条萌发力强，换盆后需摘心整形，盛花期后需重剪更新，促使萌发新枝。花谚"茉莉不修剪，枝弱花小很明显""修枝要狠，开花才稳"就是这个道理。

🌱 繁殖

扦插：夏季剪取长 8 ～ 10 厘米成熟枝扦插，8 周生根。压条：约 2 ～ 3 周生根，8 ～ 10 周后与母株剪离，单独盆栽。

🐛 病虫害

常发生叶枯病、枯枝病和白绢病，可用 65% 代森锌可湿性粉剂 800 倍液喷洒。虫害有卷叶蛾、红蜘蛛和介壳虫，可用 50% 杀螟松乳油1000倍液喷杀。

新手常见问题解答

1. 如何选购盆栽茉莉？买回后如何摆放与养护？

答：盆栽茉莉花植株要矮壮，株高不超过 30 厘米，分枝多，枝条密集，叶片深绿，无黄叶；花枝多，花苞多，已有部分开花，花朵大、饱满、洁白、香气好，无缺瓣或断枝，大花、重瓣品种更佳。买回的盆栽需摆放在阳光充足和通风的朝南、朝西阳台或庭院中。盆土保持湿润，每次浇水必须浇足、浇透。茉莉好肥，但刚买的盆栽不用急着施肥，待萌发出新芽时再开始施肥。

2. 如何能使茉莉花开得多、香气浓？

答：茉莉是喜光花卉，生长发育需要充足的光照。若光照强，则叶色浓绿，枝条粗壮，开花多，着色好，香气浓；如果光照差，叶片颜色淡，枝条细弱，着花少而小，香气差。当然，充足的肥水和花后修剪也必须跟上。

牡 丹

牡丹为我国特产名花，丰满的花容、烂漫的姿态、绚丽的色彩，自古以来就被尊为花中之王，号称"国色天香"。现今，牡丹不仅在古典园林中栽植，在居民院落和阳台也渐渐能看到它的身影了。

关键词：中国传统名花、花色丰富、年宵花

 原产地：
中国西北部。

 花期：
春末和初夏。

 习性：
喜凉爽和半阴环境。耐寒、耐旱、怕炎热和多湿。生长适温13℃～18℃，冬季能耐–15℃低温。花期以15℃～20℃为宜，过热花朵会提早凋谢，干热天气影响茎叶生长。

参考价格

盆径 20 ~ 25 厘米的每盆 150 元，精品每盆 320 元。

摆放 / 光照

喜半阴，开花时怕强光暴晒。宜摆放在有纱帘的朝东或朝南阳台和窗台。种在庭院稍背阴的场所。

浇水

生长期盆土保持湿润，过湿或盆中积水会导致烂根。

施肥

生长期每半月施肥 1 次，开花前和花期每周施肥 1 次，以磷钾肥为主。

换盆

盆栽用直径 20 ~ 30 厘米的深盆（深 35 厘米），盆土用肥沃园土、腐叶土和沙的混合土。盆栽时间在 9 月下旬至 10 月上旬。上盆前让植株晾干 1 ~ 2 天，待根部变软，剪去过长和受伤的根，栽植时根颈与土面齐平。栽后浇透水。

修剪

秋冬落叶后，剪去交叉枝、内向枝等过密枝条，利于通风透光和株形美观。冬季根据植株生长势进行定干（这是对观赏花木按要求高度所进行的一种短截修剪措施。定干高度包括主干高度和将来分生主枝的范围）、除芽和修剪，保证植株生长均衡、花大色艳。

繁殖

常用分株和嫁接。分株：秋季，将 4 ~ 5 年生大丛牡丹整株挖出，阴干 2 ~ 3 天，待根稍软时分开栽植，每株以 3 ~ 5 个蘖芽为宜。嫁接：在夏秋季进行，以芍药根为砧木，选牡丹根际上萌发的新枝或 1 年生短枝作接穗，采用劈接或嵌接法，成活率高。

病虫害

常见炭疽病和褐斑病危害，可用波尔多液喷洒预防。虫害有蚜虫、红蜘蛛和天牛，可用 40% 氧化乐果乳油 1000 倍液喷杀，天牛用 90% 敌百虫原药 1000 倍液喷杀。

结果

新手常见问题解答

1. 如何选购牡丹？刚买回的牡丹如何摆放与养护？

答：盆栽牡丹的种苗要选植株矮、适应性强、根多且短、容易开花的品种。开花盆栽要求植株矮壮，株高不超过50厘米，至少有3～5个主干，分布匀称；叶片厚质、完整，无病斑；花苞多，以2～3朵开花和5～6个含苞待放的花蕾为好。买回后，需摆放在阳光充足的朝南阳台或庭院的台阶，不要放在阴暗的居室或淋雨的室外，光照不足或盆土过湿会导致落叶、落蕾。空气干燥时向叶片喷水，这样植株能很快适应新环境。

2. 为什么我的盆栽牡丹一直不开花？

答：主要是夏季在强光下暴晒所致，造成叶片灼伤、脱落，直接影响到花芽的形成，也就无花可开了。其次是肥料不足或施氮素肥过多，难于形成花芽。三是修剪不合理，包括残花摘除不及时、萌蘖枝保留过多、不定芽剥除过晚等，都会影响牡丹的正常开花。

3. 让牡丹提前在春节开花，怎样操作？

答：可在春节前50～60天，将露地栽培的生长健壮、顶芽饱满、容易开花的4～5年生植株挖出，少伤根部，放阳光下晒1～2天，根系发软后盆栽，浇足水，暂放露天。待春节前50天，将盆栽牡丹搬进室内，头10天内保持室温8℃～10℃，夜间不低于5℃。中午喷水，促使花蕾膨大。第二个10天室温提高到10℃～14℃，夜间不低于10℃。每天喷2次水，加喷1次磷酸二氢钾，牡丹进入显蕾期。第三个10天室温提高到15℃～20℃，夜间不低于14℃～15℃，牡丹进入风铃期（指花蕾最外部的萼片开始向外伸张，花蕾形如风铃的阶段），每天喷水3～4次。第四个10天室温增加到20℃～25℃，晚上不低于16℃～18℃，花蕾进入圆桃期（指花蕾迅速增大，形如棉桃的阶段），增加叶面喷水。当进入第五个10天，花蕾进入破绽开放阶段，可降低环境温度，延长观花期。这过程中要有充足的阳光，否则牡丹只长叶不抽蕾或者开花质量差。

山茶花

山茶花为我国十大名花之一。在江浙一带栽植比较普遍，树冠优美，花大鲜艳，花期又长，正逢元旦、春节开花，是喜庆的年宵花。山茶喜酸性土，北方因为水土偏碱性，不太容易养植。

关键词: 喜酸性土、盛产于江浙一带

 原产地:
中国、朝鲜和日本。

 花期:
早春。

 习性:
喜温暖、湿润和半阴环境。怕高温和烈日暴晒，怕干燥和积水。生长适温 18℃ ~ 25℃，冬季能耐 -5℃低温，低于 -5℃嫩梢及叶片易受冻害。

参考价格

盆径 15 ~ 20 厘米的每盆 30 元，盆径 25 厘米的每盆 50 ~ 150 元。

摆放 / 光照

山茶花适合在散射光下生长，怕直射光暴晒，幼株需适当遮阴。长期过阴对植株生长也不利，造成叶片薄，开花少。成年植株需较多光照，有利于花芽的形成和开花。盆栽宜摆放在朝东或朝南的窗台和阳台。

浇水

新栽的山茶要浇透水，以盆底流出水为准。生长期每天浇水 1 次，夏季每天早晚各浇 1 次水，冬季每 2 ~ 3 天浇水 1 次，防止盆土结冰，在午间浇水，盆土保持湿润，过湿会引起烂根。如果盆土过于干燥，叶片易发生卷曲，影响花蕾发育。北方水土偏碱，可多用雨水或隔夜的自来水。

换盆

盆栽用 15 ~ 20 厘米的盆，成年植株可用 20 ~ 30 厘米陶质釉缸或紫砂盆。盆土用腐叶土、肥沃园土和河沙的混合土。每 2 ~ 3 年换盆 1 次，花后或秋季进行。

施肥

山茶花喜肥，4月花后施肥1次，促使春梢生长；6月施肥1次，促使二次枝梢萌发生长；9～10月施肥1次，有利花芽形成和提高植株抗寒能力。用腐熟饼肥水或"卉友"21-7-7酸肥。用熟饼饼肥水时尽量多加些清水，微微闻到臭味即行。使用复合肥前要详细阅读说明书，在加水时应多加10%的稀释水。

修剪

山茶花生长缓慢，树冠发育较匀称，一般不需强度修剪，只要剪除病虫枝、过密枝、内膛枝、弱枝和短截徒长枝即可。对新栽植株适当疏剪；对开花植株加以剥蕾，保证主蕾发育、开花；将干枯的废蕾和残花随手摘除。

繁殖

扦插：以6～7月或9～10月为宜，选叶片完整、叶芽饱满的当年生半成熟枝为插条，长8～10厘米，先端留2叶片，插条清晨剪下，随剪随插，保持20℃～25℃，插后3周愈合，6周后生根。若用0.4%～0.5%吲哚丁酸溶液处理2～5秒，有明显的促进生根效果。嫁接：以5～6月为宜。具木质化的新梢作接穗最好，砧木以油茶为主，采用劈接法，接后2个月才能萌芽抽梢；也可在早春2月采用老砧嫁接，接后注意温度和湿度的控制，一旦成活，接穗生长特快。压条：梅雨季选用健壮的1年生枝条，离顶端20厘米处行环状剥皮，宽1.5厘米，用腐叶土和薄膜包扎，约60天可生根，剪下直接盆栽。

病虫害

叶面常见炭疽病、褐斑病危害，可用等量式波尔多液或25%多菌灵可湿性粉剂1000倍液喷洒。如室内通风不畅，易受红蜘蛛、介壳虫危害，量少时用牙刷洗刷干净，量多时可用40%氧化乐果乳油1000倍液喷杀。

 新手常见问题解答

1. 如何选购山茶花? 买回后如何养护?

答:盆栽山茶花最好在节日前1周购买,挑选树冠矮壮、枝叶繁茂、叶片大且有光泽、花朵大、色彩艳、开花和花蕾各占一半的植株。如果盆土看上去过于疏松,表明是新栽的山茶,不建议买;枝条或叶背附有介壳虫的蜡壳者容易落叶、落蕾,不要购买。至于重瓣、纯色或双色品种则依个人喜好而定。买回的开花盆栽摆放在阳光充足的朝南阳台或窗台,室温保持在8℃~10℃即可。防止室温时高时低,远离空调口。盆土保持湿润,尽量不要缺水或过湿。

2. 不少花卉爱好者常说"茶花好看树难栽",是这样吗?

答:掌握几个关键原则,栽培山茶花也不是很困难。一是要"保根",如果换盆不当,盆土板结、长期渍水、施肥太浓、常浇污水,必定根系受损,轻者落叶落蕾,重者死亡。二是要"保叶",如果盆土偏盐碱、烈日暴晒、空气、水质污染、施肥过多、留蕾太多,造成"水土不服",必定导致落叶、枝枯、全株死亡。三是要"保蕾",有花蕾不等于能开花,如果盆土缺水、烈日烤晒、养分不足、通风不畅造成病虫危害,同样会出现落蕾、僵蕾。

欧洲银莲花

　　欧洲银莲花是欧洲著名的草本花卉,如今逐渐被国内花友认识和喜爱。茎叶优雅,花朵硕大,色彩艳丽,适用于花坛、花境、草坪边缘和岩石园配置。长花枝和重瓣种可供切花和盆栽,轻盈活泼,充满活力。

关键词: 新潮花卉、球根、品种繁多、色彩丰富

 原产地:
地中海地区。

 习性:
喜凉爽、湿润和阳光充足的环境。较耐寒,怕高温多湿和干旱,耐半阴。生长适温 15℃ ～ 20℃,遮光 50% ～ 60%。夏季高温和冬季低温时块根处于休眠状态。

 花期:
春季。

💲 **参考价格**
　　盆径 12 ～ 15 厘米的每盆 10 ～ 15 元。

☀ 摆放 / 光照

喜阳光充足，耐半阴，夏季遮光 50% ~ 60%，光照不足也会出现光抽枝不开花的现象。宜摆放在朝东和朝南的窗台或阳台。地栽或庭院种植都要放于阳光充足的位置。

💧 浇水

盆土表面干燥后浇水，抽枝开花时盆土必须保持湿润。地栽的雨雪天后注意排水，防止积水。冬季盆土切忌过湿，以免块根腐烂。

🗒 施肥

生长期每月施 1 次薄肥，用腐熟的饼肥水。开始见花时，加施 1 次磷钾肥，有助于果实和块根的发育，也可用"卉友"15–15–30 盆花专用肥。

🪴 换盆

盆栽用直径 12 ~ 15 厘米的盆，每盆栽 3 个块根，深度 1.5 厘米，地栽深 5 ~ 7 厘米，栽后浇水，促使块根萌芽。用腐叶土、肥沃园土和粗沙的混合土。

✂ 修剪

花后不留种，及时剪除残花有利于块根充实。

🌱 繁殖

常用分株和播种繁殖。分株：块根于 6 月叶片枯萎后挖出，用干沙贮藏于阴凉处。10 月前将块根先放在湿沙或水中浸泡，使之充分吸水，这样栽植后发芽整齐。播种：6 月种子成熟，采下即播。因种子上有毛，易粘成团，播前可用沙子搓开，以盆播为宜，播种土要细，覆土要薄。发芽适温为 15℃ ~ 20℃，播后 3 ~ 6 周发芽，幼苗对温度十分敏感，高温会阻碍生长。播种苗需 2 ~ 3 年才能开花。

🦟 病虫害

常见有锈病、灰霉病和菌核病危害叶片，在块根栽植前，用 1000 倍升汞溶液消毒，发病初期用 25% 多菌灵可湿性粉剂 1000 倍液喷洒防治。蚜虫危害花枝时，可用 10% 吡虫啉可湿性粉剂 1500 倍液喷杀。

 新手常见问题解答

1. 如何选购欧洲银莲花？

答：盆花要求植株健壮，株高不超过 40 厘米，花茎粗壮、花苞多，部分已开花，花色丰富；叶丛密集，叶片亮绿色。购种子要饱满、新鲜，以重瓣、双色者更佳。最好到正规的花卉公司购买。购块根，要求充实、饱满、新鲜，块根周径不小于 6 厘米。

2. 刚买回的欧洲银莲花如何摆放与养护？

答：盆花摆放在有明亮光照和通风的场所。充分浇水，保持盆土湿润。空气干燥时可向叶面喷雾，开花时不能向花朵上喷淋。花后摘除残花，促使新花枝继续开花。

3. 买回的种球，盆栽后怎么老是不发芽？

答：如果是健康的好种球没有发芽，可能是浇水上有问题。因为种球上盆后一次性浇水过多，会使球根过湿出现腐烂。刚栽种球只需浇少量的水，将盆土湿润即行，以后慢慢增加浇水量。

球 兰

球兰是一种姿态美、叶美、花美的藤蔓植物。常吊盆栽培，飘逸自然。

关键词：
肉质藤本、花期长、易栽、怕湿

 原产地：
印度、中国南部、缅甸。

花期：
夏季。

 习性：
喜高温、多湿和半阴环境。不耐寒、耐阴、耐干旱、怕强光暴晒、忌过湿。生长适温 18℃～24℃，冬季不低于 5℃。

 参考价格
盆径 15 ～ 20 厘米的每盆 30 ～ 40 元。

摆放／光照

喜半阴，怕强光长时间直射。宜摆放或垂吊在离朝东或朝南窗台（阳台）50厘米处。

浇水

生长期可充分浇水，保持盆土湿润，忌用钙质水。夏季每周喷水2次，忌向花序喷雾。冬季休眠期盆土保持稍湿润。

施肥

生长期每半月1次，用稀释的饼肥水或"卉友"15—15—30盆花专用肥，多施钾肥更好。

换盆

春季或花后换盆，盆栽或吊盆栽培用直径15～20厘米的盆，每盆栽苗3～5株。盆土用腐叶土、培养土和粗沙的混合土，加入少量骨粉。

修剪

换盆时，剪短过长或剪去过密蔓枝，保护好蔓上的瘤状节，以利新蔓的生长与开花。出现花序后切忌搬动。

球兰凹叶锦

繁殖

球兰属萝藦科植物，体内含有白色乳液。同时，其叶片形状和色彩有变化，扦插繁殖可在夏末剪取半成熟枝和花后剪取顶端枝，插穗需带茎节，清洗剪口的白色乳液并晾干，插入沙床，20～30天生根，成活率高。对扦插卷叶或斑叶球兰，必须选择形状好、斑色好的枝条，这样可以确保品种的优良特性。

病虫害

有时发生叶斑病和白粉病，发病初期用50%多菌灵可湿性粉剂1000倍液或70%代森锰锌可湿性粉剂700倍液喷洒。虫害有介壳虫，发生时用40%氧化乐果乳油1500倍液或25%噻嗪酮可湿性粉剂1500倍液喷杀。

 新手常见问题解答

1. 如何选购盆栽球兰？买回家后如何养护？

答：盆栽植株健壮、充实，造型优美，蔓枝分布匀称；叶片肥厚，深绿色，如果是斑叶种，斑纹色彩清晰，不缺损；有花蕾或开花者更佳。可摆放在有纱帘的窗台或阳台，不要放于有强光或过于荫蔽的场所。浇水不宜过多，可向叶面多喷水，待有新叶长出后充分浇水，盆内不能积水。

2. 听说球兰还可以压条繁殖，是这样吗？

答：球兰的茎蔓长长后可用压条繁殖。春末夏初，将充实的茎蔓在茎节间处稍加刻伤，用泥炭苔藓在刻伤处包上，外用薄膜包上，扎紧，待生根后剪下盆栽，也可将盆栽球兰放在畦面（指用培养土或肥沃园土筑成高10～15厘米的畦的表面），把节间刻伤后埋入土下，生根后剪断上盆。

三角梅

三角梅是一种观赏苞片的木质藤状灌木，我们看到的"花"其实是它的苞片。近几年尤其受到花友追捧。盆栽可摆放在门廊、厅堂入口处或窗台，种植在庭院很容易营造热闹的园艺景观。

关键词：藤状灌木、喜光、观赏期长

 原产地：
南美巴西。

 习性：
喜温暖、湿润和阳光充足的环境。不耐寒、耐高温、怕干燥。生长适温15℃～30℃，冬季不低于7℃，开花需15℃以上。

 花期：
夏秋季。

💲 参考价格

盆径15～20厘米的每盆20元，盆径25厘米的每盆50元。

⚙ 摆放 / 光照

三角梅属喜光性植物，每天要有4～6小时充足的阳光，光线不足或过于荫蔽，新枝生长细弱，叶片暗淡。在充足阳光下可开花不断，花色鲜艳。盆栽宜摆放在朝西或朝南的窗台和阳台。

💧 浇水

生长期充分浇水，盆土快要干燥时就充分浇水，秋季控制浇水量，冬季每4～5天浇水1次。盆土过湿会引起落叶和落花。

🗂 施肥

生长期每月施肥1次，用腐熟饼肥水或"卉友"15-15-30盆花专用肥。秋季花期增施1次磷酸二氢钾，使苞片更加艳丽。

🪴 换盆

盆栽用15～18厘米的盆，吊盆用20～25厘米的盆，每盆均栽3株扦插苗。盆土用腐叶土、培养土和粗沙的混合土。

✂ 修剪

枝条过长显得凌乱，要对徒长枝进行摘心，摘心时间根据赏花时间而定，一般摘心后5个月始花。垂吊栽培需2次摘心。花后修剪整形，剪除枯枝、弱枝、密枝以及顶梢，促使更多新枝。生长5～6年后需短截或重剪更新。修剪时要轻剪侧枝，少剪内腔枝，重剪徒长枝，花期不修剪。

🌼 繁殖

扦插：早春用嫩枝扦插，夏季取半成熟枝条扦插，秋季用硬枝扦插，插条长15～20厘米，插于盛河沙的花盆中，在21℃～27℃室温下，插后30天生根。采用0.8%吲哚丁酸溶液浸泡插条基部15秒钟，生根效果显著。压条：初夏用高空压条法，在离顶端15～20厘米处行环状剥皮，用腐叶土和塑料薄膜包扎，约2个月可生根。嫁接：春季15℃以上时，用3～4年生三角梅作砧木，选取自己喜欢的品种作接穗，长5～10厘米，用劈接或枝接法，接后40～50天可愈合。

🐛 病虫害

常见叶斑病危害，发病初期用70%代森锰锌可湿性粉剂600倍液喷洒。盆土过湿或排水不畅易发生根腐病，要注意盆土的疏松和透气。另有刺蛾和介壳虫危害，发生时用2.5%敌杀死乳油5000倍液喷杀。

新手常见问题解答

1. 如何选购三角梅? 刚买回的三角梅如何养护?

答：盆栽植株要造型好，分枝多，分布匀称；叶片深绿，斑叶品种的斑纹清晰，无黄叶或无缺损；花株多，有1/3～1/2的花朵已开放，花色鲜艳；尽量选择重瓣品种。买回的盆栽需摆放在阳光充足和通风的朝南窗台、阳台或庭院内。光照不足枝叶容易徒长，开花减少，也会造成落叶、落花。周边不要摆放水果、蔬菜，以免落叶或落花。

2. 我家的三角梅, 枝繁叶茂, 但开花不多, 花期也短, 什么原因?

答：花农常说三角梅"摘叶可发芽、制水可开花"，意思就是对植株减少肥水供应，切断部分根系，摘除部分叶片，抑制其营养生长，促进花芽形成，达到早开花、多开花的目的。相反，肥料过量尤其氮肥太多、水分过多都不利于花芽形成，结果枝繁叶茂，开花不多。

芍 药

芍药是我国传统名花之一，花和牡丹有些相像，但牡丹是木本，芍药则是宿根草本。盆栽和庭院栽植都适合，也是极好的切花材料。

关键词：
宿根草本、品种丰富、分株繁殖

 原产地：
中国西北部、蒙古、西伯利亚东部。

 习性：
喜凉爽、湿润和阳光充足的环境。耐寒，怕积水，畏风，怕盐碱土。生长适温 10℃ ~ 25℃，冬季能耐 –15℃低温。

 花期：
初夏。

$ **参考价格**
盆径 15 ~ 20 厘米的每盆 20 元，盆径 25 厘米的每盆 50 元。

☀ 摆放/光照

阳光充足则茎叶生长旺盛,花大而多;稍阴时虽可开花,但花梗长,花色暗淡。地栽或盆栽都要选择光照充足的场所。

💧 浇水

生长期土壤保持湿润,地栽芍药遇多雨、下雪的天气要开沟排水,防止积水烂根。

🌿 施肥

生长期施肥 2～3 次,用腐熟饼肥水。冬季在根旁开穴施肥。

🪣 换盆

盆栽用直径 20～25 厘米的盆,栽植时,根的芽头与土面平齐。用肥沃园土、腐叶土和粗沙的混合土。芍药忌春栽,花谚说:"春分分芍药,到老不开花。"换盆和栽植的适宜时间是 10 中旬至翌年 2 月中旬,换盆过程中切忌伤根。

✂ 修剪

当出现主花蕾时,及时剥去侧花蕾,一般一茎只留一花,花谢后如果不留种,应立即剪除花茎,有利于根部发育。

🌱 繁殖

常用分株和播种繁殖。分株:9～12 月进行最好,此时地下肉质根养分充足,新芽已形成,每个分株要有 3～5 个芽,切忌碰伤芽头。一般 3～4 年分株 1 次。播种:7 月种子成熟后立即播种,当年秋季幼根萌发,翌春发芽。实生苗需 4～5 年可以开花。

🪲 病虫害

常见有黑斑病和白绢病危害,发病前定期喷洒 50% 多菌灵可湿性粉剂 500 倍液。虫害有蛴螬、蚜虫,分别用 50% 马拉松乳油 2000 倍液和 40% 乐果乳油 2000 倍液喷杀。

 新手常见问题解答

1. **怎样选购芍药盆栽、种根和种子?**

答:选购盆花要求株形健壮,叶片丰满,嫩绿色;花茎已从叶丛中抽出,并有 1～2 朵已开花,色彩鲜艳,重瓣、台阁者更佳。购买肉质种根要求粗壮、芽头饱满、新鲜,无腐烂和病虫迹象;种子要求饱满、充实、新鲜。

2. **听说芍药除了观赏之外,还是著名的中药,是这样吗?**

答:芍药根含芍药贰、牡丹酚、芍药花贰、苯甲酸、挥发油等成分,具有养血柔肝、缓中止痛、敛阴收汗的功用。芍药的药用,古代方剂中有白芍、当归、川芎、熟地组成的四物汤,治月经不调等多种妇科病。芍药用于烹饪和药膳,有八宝鸡汤、芍药里脊、芍药花肝片等美味佳肴。在日本,芍药花被当作蔬菜食用。14 世纪,英国人将种子作烹调香料,泡在蜜酒中饮用,可防做恶梦,串成项链则成护身符。

天竺葵

天竺葵是一种常开不败的好花，近年来颇受花友追捧。盆栽几乎全年开花，如有庭院，散植于花境或群植花坛、装饰岩石园效果也非常好。

关键词：常开不败、易繁殖、易栽培

 原产地：
非洲南部。

 习性：
喜温暖、湿润和阳光充足的环境。不耐寒，忌水湿和高温，怕强光和光照不足。生长适温 10℃～25℃，冬季不低于 5℃，16℃有利于花芽分化。

 花期：
春季和秋季。

$ **参考价格**
盆径 12～15 厘米的每盆 10～15 元。

◐ **摆放/光照**
喜阳光充足，不耐阴，怕强光。宜摆放在朝东或朝南的窗台和阳台。

🚿 浇水

生长期保持盆土湿润。高温季节植株进入半休眠状态，浇水量减少，掌握"干则浇"的原则。宜在清晨浇水，盆内切忌过湿或积水。

🧪 施肥

生长期每半月施肥 1 次，花芽形成期每半月加施 1 次磷肥或用"卉友"15-15-30盆花专用肥。萌发新枝叶的植株肥液不能沾污叶片。

🪴 换盆

花后换盆通常在 3 ~ 4 月和 9 ~ 10 月进行，盆栽用直径 12 ~ 15 厘米的盆。盆土用腐叶土、泥炭土和沙的混合土。

✂ 修剪

播种苗高 12 ~ 15 厘米时摘心，促生侧枝，使株形矮、多开花。花谢后立即摘去开败的花枝，利于新花枝的发育和开花。生长势减弱时进行重剪，剪去整个植株的 1 / 2 或 1 / 3，并放阴凉处恢复。

🌱 繁殖

播种：春秋季室内盆播，播种土用高温消毒的泥炭土、培养土和河沙的混合土，种子较大，播后覆浅土，发芽适温13℃ ~ 18℃，播后 1 ~ 3 周发芽，从播种至开花需 16 ~ 18周。扦插：夏末或初秋剪取长10 ~ 15 厘米的嫩枝扦插，插入泥炭，约 2 ~ 3 周生根。若用0.01% 吲哚丁酸液浸泡插条基部 2 秒，生根快，根系发达。

🐛 病虫害

生长期如通风不畅或盆土过湿，易发生叶斑病和灰霉病。发病初期用 75% 百菌清可湿性粉剂 800 倍液或 50%甲霜灵锰锌可湿性粉剂 500 倍液喷洒。虫害有红蜘蛛和粉虱危害叶片和花枝，发生时用 40% 氧化乐果乳油 1000 倍液或 25% 噻嗪酮可湿性粉剂1500 倍液喷杀。

 新手常见问题解答

1. 如何选购天竺葵，买回后如何养护？

答：盆花要求株形美观，丰满，株高不超过 30 厘米，叶片密集、紧凑、绿色无黄叶、无病虫，植株花蕾多并有部分花朵已开放，花色鲜艳，双色、重瓣者更佳。刚买回的盆栽需摆在阳光充足的窗台或阳台，室温保持 10℃ ~ 12℃，每周浇水 1 ~ 2 次，若低于 10℃，叶片易发黄甚至掉落。如果保持 16℃ 以上，植株照常开花不断。

2. 最近天竺葵下部的叶子变黄和枯萎了，这是什么原因？

答：主要是肥料不足或盆土板结不透水造成的。肥料不足会引起底部叶片枯萎脱落，花也开不出来；几年没换盆，盆土缺肥板结，也会使底部叶片枯萎脱落。为此，盆栽 2 ~ 3 年的花株，需要重新扦插新枝更新才能开花不断。

铁线莲

铁线莲也是近几年花友热捧的一种藤本花卉,品种、花色非常丰富。无论地栽于庭院还是盆栽于阳台,开花时都异常惊艳!

关键词: 藤本、开花景观极美、花期长、喜碱性土

 原产地:
中国、日本、朝鲜。

 花期:
春季。

 习性:
喜温暖、湿润和半阴环境。较耐寒,怕高温,忌积水,不耐干旱。生长适温 15℃ ~ 22℃,冬季不低于 –5℃,喜含锰盐的碱性土壤。

$ **参考价格**

盆径 12 ~ 15 厘米的每盆 10 ~ 20 元,一般每盆栽植 1 株苗。

◐ **摆放 / 光照**

喜半阴,怕强光暴晒。宜摆放在朝东或朝北的窗台和阳台。

◔ **浇水**

生长期保持盆土湿润,"干则浇、浇则透"。切忌盆内过湿或积水。

▦ **施肥**

春季栽植前施足基肥,生长期每半月施肥 1 次,花芽形成期每半月施 1 次磷肥,如果氮肥过多,花朵易畸形或花期缩短,也可用"卉友"15–15–30 盆花专用肥。

▦ **换盆**

花后换盆,通常在春季花后进行,盆栽用直径 15 ~ 20 厘米的盆。盆土用腐叶土、泥炭土和沙的混合土。刚栽植的苗株,将枝条截短留 30 厘米,第二年换盆后,每个枝条可留 60 ~ 70 厘米。

✂ 修剪

播种苗要摘心促使分枝，枝条较脆，易折断，生长过程中需及时整理枝蔓，设架固定，并及时修剪。成年植株一般每年疏剪 1 次，植株开始老化可重剪 1 次。

🌿 繁殖

秋季采种即播或冬季沙藏，翌年春播，播后 3～4 周发芽。秋播要到翌年春季才能萌芽出苗。扦插：在 5～6 月进行，剪取长 10～15 厘米的成熟枝，节上带 2 个芽，插入泥炭，约 2～3 周生根。压条：早春取上年成熟枝条，稍刻伤，埋入 3～4 厘米深的土内，保持湿润，当年能生根、上盆。

🐛 病虫害

易发生白粉病和灰霉病。发病初期用 75% 百菌清可湿性粉剂 800 倍液或 50% 甲霜灵锰锌可湿性粉剂 500 倍液喷洒。虫害有红蜘蛛和蚜虫危害叶片和花枝，发生时用 40% 氧化乐果乳油 1000 倍液或 25% 噻嗪酮可湿性粉剂 1500 倍液喷杀。

 新手常见问题解答

1. 如何选购铁线莲？买回后如何养护？

答：购买盆花要求叶片多而分布匀称，中绿至深绿色，最好在春季花期购买，可以看到花朵大小和颜色，知道品种的优劣。刚买回的盆栽摆放在半阴的窗台或阳台，室温不宜太高，保持盆土湿润，不能积水。待植株继续萌发新叶，形成新花蕾时才能施肥。

2. 最近铁线莲部分叶片变黄和枯萎了，这是什么原因？

答：盆内肥料不足、盆土过湿、水和土壤偏酸性等原因都会造成这种情况。肥料不足会引起底部叶片枯萎脱落，花也开不出来；或者几年没有换盆，盆土缺肥板结，也会使底部叶片枯萎脱落；铁线莲喜碱性土，如果土壤偏酸性，也会引起叶片黄化、掉落。此时要调整土壤酸碱度才能慢慢恢复。

仙客来

仙客来花期正值元旦、春节和圣诞节，是最常见的年宵花，也是冬季装点居室的高档盆花。

关键词：球根花卉、常见年宵花、花期长、品种多

 原产地：
地中海东南部和非洲北部。

 习性：
喜冬季温暖、夏季凉爽的气候。喜湿润，忌积水。生长适温 12℃～20℃，冬季不低于 10℃，夏季不超过 35℃。

 花期：
初冬至早春。

$ 参考价格

盆径 12～15 厘米的每盆 10～15 元。

☀ 摆放 / 光照

喜光，怕强光直射，光照不足则叶片徒长、花色不正。宜摆放在阳光充足的朝东和朝南窗台或阳台，室内摆放时间不能太长，否则花瓣易褪色，叶柄伸长下垂。

🔥 浇水

生长期每周浇水 2 ~ 3 次，盆土保持湿润。抽出花茎后每周浇水 3 次，必须待盆土干透再浇。花期浇水不要洒在花瓣或花苞上。花后叶片开始转黄，应减少浇水。盆土过湿，球茎易受湿腐烂，过于干燥则推迟萌芽和开花。待盆土差不多干透后再进行浇水。

🧴 施肥

生长期每旬施肥 1 次，花期增施 1 次磷钾肥或"卉友"20-20-20 通用肥。用液肥时不能沾污叶面。

🪴 换盆

盆栽用直径 12 ~ 16 厘米的盆，秋季休眠块茎萌芽后盆栽，块茎露出土面。盆土用腐叶土、泥炭土和粗沙的混合土。

✂️ 修剪

随时摘除残花，以免霉烂影响结实。

🌱 繁殖

秋季室内盆播，种子大，播前用 30℃ 温水浸种 4 小时，发芽适温 12℃ ~ 15℃，约 2 周发芽。一般品种从播种至开花需 24 ~ 32 周。块茎休眠期可用球茎分割法繁殖，生长期还可用叶插繁殖。

🐛 病虫害

常见有软腐病和叶斑病。软腐病在 7 ~ 8 月高温季节发生，造成整个球茎软化腐烂死亡。除改善通风条件外，发病前用波尔多液喷洒 1 ~ 2 次。叶斑病以 5 ~ 6 月发病多，叶面出现褐斑，最后造成叶片干枯，除及时摘去病叶外，还要用 75% 百菌清 1000 倍液喷洒 2 ~ 3 次。虫害有线虫危害

球茎，蚜虫和卷叶蛾危害叶片、花朵，可用 40% 乐果乳油 2000 倍液喷杀。

 新手常见问题解答

1. 如何选购仙客来? 买回后如何养护?

答: 盆花要求大部分花处于花蕾阶段并有数朵充分开放。如购块茎，要求扁球形、充实、饱满、深褐色，无病虫痕迹，直径在 2 厘米以上。买回的盆花摆放在有明亮光照和通风的场所。保持盆土湿润。空气干燥时可向叶面喷雾，开花时不能向花朵上喷淋，尽量少搬动。

2. 仙客来栽培上应注意哪些方面?

答: 9 ~ 10 月休眠球茎开始萌芽，即刻换盆，盆土不要盖没球茎。盆土以稍干为好，防止浇水过多。注意通风遮阴，生长期避免叶片拥挤，以免发生叶黄腐烂现象。花期避免空气湿度过大，结实期注意通风调节。加强肥水管理，生长发育期每旬施肥 1 次，多见阳光。花梗抽出时增施 1 次磷钾肥。阴雨或下雪天，水不能浇在花芽和嫩叶上，否则影响正常开花。

香雪兰

香雪兰也叫小苍兰，迷人的芳香是它的特征，或素雅或鲜艳的小花充满春意，给冬日的居室带来浪漫的气息。

关键词：球根花卉、易繁殖、花芳香

原产地：
南非。

习性：
喜凉爽、湿润和阳光充足的环境。不耐寒，怕高温，忌干旱。生长适温15℃～20℃，冬季不低于0℃。

花期：
冬末至早春。

$ 参考价格

盆径 12 ～ 15 厘米的每盆 15 ～ 20 元。

摆放 / 光照

喜阳光充足，不耐阴。盆栽宜摆放在朝南和朝东的窗台或阳台。

浇水

生长期盆土保持湿润，也不能过湿，不然花枝细、花朵小。抽出花茎现蕾后，生长迅速，盆土保持湿润，花后一个月逐渐减少浇水，茎叶自然枯萎后则停止浇水。

施肥

生长期每旬施肥 1 次，用腐熟饼肥水，抽出花茎后则停止施肥。

换盆

盆栽用直径 12 厘米的盆，栽 5 ～ 7 个球茎，栽植深度 2 ～ 3 厘米。盆土用腐叶土、肥沃园土和沙的混合土。地栽深度为 3 ～ 4 厘米。

修剪

抽出花茎时应设支架，防止花茎倒伏，花后剪除残花。

繁殖

常用分株繁殖，每年 5 月前后球茎进入休眠期，在母球周围形成 3 ～ 5 个小球茎，将小球茎剥下，分级贮藏于凉爽通风的场所。9 月开始取出球茎进行盆栽。

病虫害

常见病害有软腐病、球根腐败病、菌核病和花叶病等，要避免连作，球茎栽植前用 200 单位农用链霉素粉剂 1000 倍液喷洒球茎表面防治。幼苗期发病，可用 70% 甲基托布津可湿性粉剂 800 倍液浇灌，以灭菌保种。

 新手常见问题解答

1. 如何选购香雪兰？

答：盆花基生叶和茎生叶呈长剑形，绿色，花茎粗壮，着花 6 ～ 10 朵，有 1/2 的花已初开。购球茎时，要求圆锥形，充实、饱满，有褐色纤维质包裹、清洁，无病虫痕迹，直径在 2 厘米以上，否则难于开花。

2. 刚买回的香雪兰如何养护？

答：买回的盆花摆放在有明亮光照和通风的场所，保持盆土湿润，空气干燥时可向叶面喷雾，开花时不能向花朵上喷淋，同时少搬动，室温不宜高，如果超过 20℃，花会很快枯萎。

月 季

月季是我国十大名花之一，也是世界上最主要的切花和盆花之一。在我国南北方都有种植，而从国外引进的栽培品种欧洲月季近年也颇受花友追捧。

关键词：
十大名花、易栽培、易繁殖、品种繁多、花期长

 原产地：
中国。

 习性：
喜温暖和阳光充足的环境。适应性较强，较耐寒。生长适温 20℃～25℃，冬季低于5℃进入休眠期。一般品种耐 -15℃，抗寒品种能耐 -20℃。夏季如持续 30℃以上高温则生长减慢，开花减少，进入半休眠状态。

 花期：
春季至秋季。

⑤ 参考价格

盆径12～15厘米的每盆10～15元。

☀ 摆放/光照

喜阳光充足，不耐阴，春秋季充足的阳光对开花极为有利。但夏季强光对花蕾发育不利，花瓣易焦枯，观花期缩短。盆栽宜摆放在朝东或朝南的窗台和阳台，也可地栽。

💧 浇水

月季对水分比较敏感，生长期不能脱水，尤其在萌芽开始、茎叶生长和开花期，要保持盆土湿润。夏季每周浇水 2～3 次，其余时间每周浇水 1 次，而冬季进入休眠期，生长几乎停顿，维持盆土不干即可，若土壤过湿，易烂根死亡。气温超过20℃时，每天向叶面喷雾。

🗓 施肥

生长期每半月施肥 1 次，开花期增施 2～3 次磷钾肥或"卉友"20-8-20四季用高硝酸钾肥。春季萌芽展叶时，新根生长较快，施肥浓度不能过高，以免新根受损。秋末控制用肥，防止秋梢生长过旺，遭受冻害。

🪴 换盆

盆栽用直径15～18厘米的盆，盆土用腐叶土、锯木屑和沙的混合土，加少量马粪，每年初冬或早春换盆。地栽选地势高燥、通风良好的位置，栽前深翻土地，施足基肥。秋季或早春栽植。

✂ 修剪

冬季过早修剪容易萌发新芽，嫩芽易遭受霜冻。由于月季在早春萌发新芽，修剪必须在萌芽前完成，也可结合换盆进行，以11～12月或春季2月至3月上旬为宜。盆栽月季留3个健壮分枝，离地15厘米处重剪，微型月季小枝密集，以疏剪为主。花后及时剪去花梗，嫁接苗要经常去除砧蘖。

🌱 繁殖

常用扦插、嫁接和压条繁殖。扦插：全年均可进行，以河沙、砻糠灰或蛭石为好。剪取充实枝条，长8～10厘米，基部带踵，保留3～5片小叶，保持20℃～25℃和较高的空气湿度，春夏进行，约15天生根，秋插30天生根，冬插先愈合，翌春生根，若用0.5%～1%吲哚丁酸溶液处

理插条1～2秒，可提高生根成活率。嫁接：5～10月采用芽接，砧木用多花蔷薇或粉团蔷薇，以丁字形芽接，嫁接后15天松绑，30天可萌芽成活；枝接，在砧木离地3～5厘米处采用劈接法，纵切深2厘米，接穗用尚未展叶嫩梢，粗细与砧木相当，接10天可愈合。压条：常用高空压条法，在离顶梢20厘米处行环状剥皮，用腐叶土和薄膜包扎，约30～40天可生根。

🐛 病虫害

病害主要有白粉病和黑斑病。白粉病用70%托布津可湿性粉剂600倍液喷洒，黑斑病采用冬季剪除病枝，清除落叶，消灭越冬病原的方法效果显著。虫害有蚜虫、天牛，蚜虫用40%乐果乳油2000倍液喷杀，天牛用铅丝钩杀或用药棉蘸80%敌敌畏原液，塞入蛀孔毒杀幼虫。

新手常见问题解答

1. 如何选购月季? 刚买回的月季如何养护?

答：盆栽月季株高不超过40厘米，枝叶繁茂，花蕾多、饱满并已露色，有1～2朵已初开，花色鲜艳，有香气。买回后摆放在阳光充足的朝南阳台、窗台和庭院内。盆土保持湿润，不宜过湿，空气干燥时向叶片喷水。

2. 听说种月季不难, 只要抓好施肥、修剪和防病三道关, 是不是这样?

答：月季生长过程中最关键的是施肥要适时，修剪要及时，病虫要防治。月季花期长，消耗养分多，适时补充磷钾肥对开花大有好处。花后修剪和冬季重剪可萌发粗壮新枝，枝条充实，花芽饱满，开花亦大。病虫危害严重时叶片会掉光，明显影响月季的正常生长和开花。

长春花

长春花是我国江南园林中最流行的草本花卉。盆栽或吊盆挂放在客厅的近窗台，清雅宜人，给人以亮丽、舒适的感受。

关键词: 垂吊、品种多样、易栽培

 原产地:
马达加斯加。

 花期:
春夏季。

 习性:
喜温暖、稍干燥和阳光充足的环境。耐热怕冷，生长适温16℃~24℃。冬季不低于10℃，6℃以下植株停止生长，逐渐叶黄脱落，枯萎死亡。长春花忌湿怕涝，以干燥为好。

$ **参考价格**

盆径 12 ~ 15 厘米的每盆 8 ~ 10 元。

☉ **摆放 / 光照**

喜阳光充足，稍耐阴。宜摆放在阳光充足的朝东和朝南窗台或阳台，室内光线较差的场所不宜久放。

◐ **浇水**

生长期保持盆土湿润，春季每周浇水 1 次，随着气温的升高，浇水次数变为每周 2 ~ 3 次。忌时干时湿，随着气温的下降，浇水次数逐渐减少。

▣ **施肥**

3 ~ 10 月每半月施肥 1 次，可用腐熟饼肥水或"卉友"15-15-30 盆花专用肥。冬季停止施肥。

▣ **换盆**

苗株具 3 对真叶时栽入直径 10 厘米的盆中，每盆栽苗 3 株。盆土用腐叶土、肥沃园土和河沙的混合土。

✂ 修剪

苗具 3 ～ 4 片叶时可盆栽，随着苗株长高，做好摘心，多萌发分枝。花期随时摘除残花，以免残花留株后发霉。

🌱 繁殖

播种：春季播种，种子具嫌光性，播后覆浅土，发芽适温 18℃～24℃。播后 2 ～ 3 周发芽，苗期遇强光、高温时需遮阴。春末剪取嫩枝扦插，夏季用半成熟枝扦插，插条长 8 ～ 10 厘米，剪去下部叶，留顶端 2 ～ 3 对叶，插后 2 ～ 3 周生根。

🐛 病虫害

苗期可能发生猝倒病和灰霉病，主要加强通风，并用 65% 代森锌可湿性粉剂 500 倍液喷洒。栽培过程中，每周用 75% 百菌清可湿性粉剂 600 ～ 800 倍液喷洒预防。生长期有红蜘蛛、蚜虫和茶蛾等危害，发生初期可用 40% 氧化乐果乳油 1500 倍液或 1% 灭虫灵乳油 1500 倍液喷杀。

 新手常见问题解答

1. 如何选购长春花? 买回后如何养护?

答：长春花品种各异，矮生种和蔓垂种用于盆栽或吊篮观赏，购买开始开花的最合适。植株要求矮生、茎干粗壮，分枝多，紧密，节间短，看上去丰满、匀称。叶片繁茂、深绿色、匀称，无缺叶断叶或虫咬病叶，有光泽。花大，密集，色彩鲜艳，花瓣完整无缺损。高秆种用于切花观赏时，以初开花枝为宜。买回后摆放在阳光充足的朝南或朝西窗台或阳台，远离果盘。初夏开始，可室外摆放，只要气温、光照适宜，植株更繁茂，开花更旺盛。

2. 盆栽长春花叶片发黄怎么办?

答：长春花有喜干、怕湿的特点，如果盆土长期过湿，根系必定受损，叶片出现发黄脱落。因此，生长期要控制浇水量，盆土稍湿即行，清除托盘中的剩水，改善栽培环境，植株才能逐步恢复。

栀子花

栀子本是南方一种常绿灌木。北方虽常见盆栽，但多有"水土不服"，原因就是北方的水土偏碱性，想在北方养好，就要满足它"喜酸性土"的偏好。

关键词：
香花、轻耐寒、喜酸性土

 原产地：
中国。

 习性：
喜温暖、湿润和阳光充足的环境。较耐寒，怕积水和碱性土壤。萌芽力强，耐修剪。生长适温18℃～25℃，冬季能耐 –5℃低温，气温过低叶片会受冻脱落。

 花期：
夏季至秋季。

$ **参考价格**
盆径12～15厘米的每盆10～12元。

 摆放／光照
喜阳光充足，稍耐阴。盆栽宜摆放在朝东或朝南的窗台和阳台。

💧 浇水

生长期土壤保持湿润，花期和盛夏需充分浇水，夏秋高温干燥时向叶面喷水，冬季盆土保持稍湿润。

🌱 施肥

生长期每月施肥 1 次，开花前增施磷钾肥 1～2 次，或用"卉友"21-7-7 酸肥。现蕾后减少施肥，以免徒长落蕾。

🪴 换盆

盆栽用直径 12～25 厘米的盆，盆土用培养土、泥炭土和沙的混合土，加入 10% 腐熟饼肥或厩肥，每年春季换盆。

✂️ 修剪

开春修剪整形，剪去枯枝和徒长枝。花后适当修剪，压低株形，促使分株。

🌸 繁殖

春季播种，发芽适温 19℃～24℃。扦插：春末初夏剪取嫩枝扦插，夏末用半成熟枝扦插，长 10～12 厘米，插后 3～4 周生根。春季用压条，约 3～4 周生根，翌春分栽。

剪除残花

🐛 病虫害

常发生斑枯病和黄化病危害，可用 65% 代森锌可湿性粉剂 600 倍液喷洒，定期在浇的水中加 0.1% 硫酸亚铁溶液，预防黄化病。虫害有刺蛾、粉虱和介壳虫，可用 90% 敌百虫 1000 倍液喷杀。

 新手常见问题解答

1. 如何选购栀子花? 买回后如何养护?

答：盆栽栀子花要求植株矮壮，株高不超过 50 厘米，分枝多、分布匀称，叶片厚质、完整，植株上花枝多，花苞多而饱满，有 2～3 朵花已开放，无病虫。买回的盆栽或苗株需放在阳光充足和通风的朝南窗台或庭院内。适当向植株的叶片喷水或喷雾，使之恢复生长。

2. 我种的栀子花最近叶子发黄了，是什么原因?

答：栀子花非常喜欢酸性土壤，土壤处于中性或偏碱性时，叶片会慢慢黄化，影响生长和开花。此时要施上稀薄的矾肥水，每 7～10 天 1 次，待叶片的颜色转绿时，再将施矾肥水的间隔时间适当拉长。

朱顶红

朱顶红是国际花卉市场生产量较大的多年生球根花卉，近年来很受花友喜爱，戏称国产朱顶红为"土朱"，国外进口的为"洋朱"。除盆栽外，也可配植庭院形成群落景观。

关键词：球根花卉、品种繁多、色彩丰富

 原产地：
秘鲁。

 花期：
春季。

 习性：
喜温暖、湿润和阳光充足的环境。生长适温 20℃~25℃，冬季不低于 5℃。不耐严寒，怕水涝和强光。

💲 参考价格
进口种球 50 元 1 个。

☀ 摆放/光照
喜阳光充足，怕强光，夏季要避开长时间暴晒。宜摆放在有纱帘的朝东和朝南窗台或阳台。

💧 浇水
初栽时少浇水，出现叶片和花茎时，盆土保持湿润。鳞茎膨大期盆土继续保持湿润，休眠鳞茎保持干燥。

🧪 施肥
生长期每半月施肥 1 次，抽出花茎后加施磷钾肥 1 次。花后继续供水供肥，促使鳞茎增大、充实。

🪴 换盆
盆栽用直径 12~15 厘米的盆，栽植深度以鳞茎 1/3 露出盆土为准。盆土用腐叶土或泥炭土、肥沃园土和沙的混合土。

繁殖

　　常用分株和播种繁殖。分株：2～3月换盆时进行，将母球旁生的小鳞茎分开，一般开花鳞茎周长在 24～26 厘米，栽植时鳞茎的 1/3 露出土面。播种：5～6月室内盆播，种子平放，覆浅土，发芽适温 18℃～22℃，播后 20 天发芽，待真叶 3～4 片时进行第 1 次移栽，从播种至开花需 3～4 年。

🌵 **新手常见问题解答**

1. 如何选购朱顶红？买回后如何养护？

　　答：盆花要求叶片繁茂、有序、深绿色，花茎粗壮、挺拔，花 4 朵对称，呈初开状态的为好。购鳞茎时，要充实、饱满，外皮褐色、清洁，无病虫痕迹，鳞茎的周径不小于 24 厘米，否则难于开花。买回的盆花摆放在有明亮光照和通风的场所。保持盆土湿润，但不能过湿或积水。空气干燥时可向叶面喷雾，开花时不能向花朵上喷淋。同时，少碰撞和搬动盆花，以免造成落花或折断花茎。

2. 如何用朱顶红来装饰居住环境？

　　答：朱顶红非常适合地栽、盆栽和切花观赏。花茎挺拔的高秆品种用于小庭院、沿路或沿墙地栽，花时非常热闹，好似张张笑脸欢迎来客。矮生大花、重瓣品种，盆栽于窗前用于室内环境装饰，可烘托欢乐气氛。若以切花欣赏，配以香石竹、洋桔梗、文竹等组成花盘或花篮，装点居室，淡雅清新，十分悦目。

✂ **修剪**

　　如果需要培养种球，花后及时剪除花茎，以免消耗鳞茎养分。平时清除基部黄叶和枯叶。

🦀 **病虫害**

　　主要有病毒病和红蜘蛛危害。病毒病致使根、叶腐烂，用 75% 百菌清可湿性粉剂 700 倍液喷洒防治，红蜘蛛用 40% 三氯杀螨醇乳油 1000 倍液喷杀。

第四章

新人上手

10_种 多肉植物

虹之玉

虹之玉也叫耳坠草,是一种小型的多肉植物。肉质叶片晶莹碧绿,在充足的阳光和适宜的大温差下会由绿转红,更加迷人。在南方,干旱地区可作地被植物,别具一格。

关键词: 喜光、怕水湿、耐干旱、易繁殖

 原产地:
墨西哥。

 花期:
冬季。

 习性:
喜温暖、干燥和阳光充足的环境。不耐严寒,耐干旱和强光,忌水湿。生长适温 13℃ ~ 18℃,冬季不低于 5℃。

💲 参考价格

盆径 8 厘米的每盆（基本满盆）8 ~ 10 元。

☀ 摆放 / 光照

喜光，稍耐阴。盆栽宜摆放在阳光充足的朝西和朝南窗台或阳台。

💧 浇水

耐干旱，刚栽后浇水不宜多，生长期盆土保持稍湿润。冬季减少浇水，盆土保持稍干，虹之玉生长减慢，茎叶更紧凑。

🌰 施肥

生长期每月施肥 1 次，用稀释饼肥水或"卉友"15—15—30 盆花专用肥。氮肥过多会引起叶片疏散，姿态欠佳。

🪴 换盆

盆栽用直径 12 ~ 15 厘米的盆，每盆栽扦插苗 3 ~ 5 株，用肥沃园土和粗沙的混合土。

❀ 繁殖

全年都可扦插繁殖，但夏季和冬季气温高一点或气温低一点，扦插后生根慢一点。春秋季剪取顶端叶片紧凑的短枝，长 5 ~ 7 厘米插入沙床，约 10 ~ 12 天生根。由于虹之玉的生命力特强，单个充实的肉质叶撒放在沙床上照常生根并长出幼株。甚至肉质叶掉落在木板或水泥上，稍有湿度，也能生根成活。

✂ 修剪

对生长过高、过密或肉质叶掉落过多的枝茎修剪调整，保持优美的株态。要轻剪，少搬动，防止肉质叶掉落。

🐛 病虫害

有时发生叶斑病和锈病，发病初期用 20% 三唑酮乳油 1000 倍液喷洒防治。虫害有蚜虫和介壳虫，发生时用 10% 吡虫啉可湿性粉剂 1500 倍液或 40% 氧化乐果乳油 1000 倍液喷杀。

 新手常见问题解答

1. 如何选购虹之玉？

答：盆栽要植株饱满，造型好，茎节紧密，枝条匀称，茎叶基本覆盖盆面；叶片肥厚呈长卵圆形，排列有序，绿色或铜红色，光滑。无缺损，无黄叶，无病虫害。

2. 刚买回的虹之玉如何养护？

答：刚买回的盆栽摆放在阳光充足的窗台或阳台，要避开夏季的强光直射，浇水要谨慎，不可过度浇水。此处还应注意适量施肥，肥水过多会导致茎叶徒长，节间伸长，茎叶柔软，容易倒伏或造成叶片腐烂。冬季必须摆放在温暖、通风和有阳光的位置。

黑法师

黑法师是一种低矮、多分枝的亚灌木，但在个头普遍矮小的多肉里算是"高大"了。叶片黑色繁茂，排列成莲座状，奇特有趣。广泛用于配植瓶景、框景，是多肉组合盆栽的理想材料。

关键词: 组合盆栽的理想植材、盛夏休眠

 原产地:
摩洛哥。

 习性:
喜温暖、干燥和阳光充足的环境。不耐寒，耐半阴和干旱，怕高温和多湿。生长适温 20℃~25℃，冬季不低于 6℃。

 花期:
春末。

$ **参考价格**
　　直径 12 厘米的盆，苗株株幅 10 厘米，每盆 10~20 元。

☀ 摆放/光照

喜光，耐半阴，怕长时间暴晒。盆栽宜摆放在阳光充足的朝东和朝南窗台或阳台。

💧 浇水

生长期在春秋两季，此时盆土保持湿润，但浇水不宜多，切忌积水和雨淋。如果湿度大、光线不足，叶片易徒长。盛夏是黑法师的休眠期，应少浇水，多喷水，保持较高的空气湿度。冬季室温低，如水分过多，根部易腐烂，盆土需保持干燥。

🌱 施肥

春秋季生长旺盛期每月施肥1次，用稀释饼肥水或用"卉友"15-15-30盆花专用肥。但施肥过多引起叶片徒长，植株容易老化。多肉植物的生长旺盛期一般在5～6月和9～10月，其间每月施肥1次，前后不过4次，这对莲花掌属的多肉植物来说是合理的。如果施肥次数过多、施肥的间隙时间过短和肥的浓度稍大，都属于"施肥过多"。

🪴 换盆

盆栽每年春季换盆，用直径12～15厘米的盆，用腐叶土或泥炭土加粗沙的混合土。

✂ 修剪

春季换盆时剪除植株基部萎缩的枯叶和过长的须根，盆栽每2～3年需重新扦插更新。

❀ 繁殖

春秋季播种，采用室内盆播，种子细小，播后不覆土，发芽适温20℃～22℃，播后9～14天发芽。种子发芽、出苗、长出苗株，对初学者来说是最具吸引力和成就感的。具体的操作也不难，一个浅花盆、消毒的播种土和一块玻璃（播种后盖在盆口上，用于保持盆内湿度）即可。扦插常用叶插和茎插，插后3～4周生根，成苗快。

🐛 病虫害

有叶斑病和锈病危害，可用20%三唑酮乳油1000倍液喷洒防治。虫害有粉虱和黑象甲，可用10%吡虫啉可湿性粉剂1500倍液或40%氧化乐果乳油1000倍液喷杀。

🌵 新手常见问题解答

1. 黑法师怎样进行水培？

答：将盆栽黑法师脱盆洗根后水培，也可剪取一段顶茎或一片叶片，插于河沙中，待长出白色新根后再水培。水培时不需整个根系入水，可留一部分根系在水面上，这样对生长更有利。春秋季在水中加营养液，夏季和冬季用清水即可。

2. 如何选购黑法师？买回后如何养护？

答：盆栽植株要健壮、端正呈莲座状，株高不超过10厘米。叶倒卵形，紫黑色，中心绿色，有光泽，无缺损和病虫。买回后摆放在有纱帘的窗台或阳台，避开强光，也不要过于荫蔽。盆土不宜多浇水，可向植株周围喷水，增加空气湿度。盆土过湿的话，茎叶易徒长，也会导致叶片发黄腐烂。冬季需摆放在温暖、阳光充足处越冬。

虎尾兰

虎尾兰栽培比较普遍，是名副其实的懒人植物，特别好养。外观也很养眼，叶形耸直如箭，叶面斑纹如虎尾，清秀别致。

关键词: 观叶、易繁殖、耐半阴

 原产地:
热带非洲。

 花期:
春夏季。

 习性:
喜温暖、干燥和阳光充足的环境。不耐寒，耐干旱和半阴，忌水湿和强光。生长适温 13℃ ~ 24℃，冬季不低于 10℃，5℃ 以下易受冻害。

💲 **参考价格**
盆径 12 ~ 15 厘米的每盆 8 ~ 10 元。

☼ **摆放 / 光照**
喜阳光充足，耐半阴，怕强光暴晒。宜摆放在阳光充足的朝东和朝南窗台或阳台。

💧 **浇水**
虎尾兰耐旱性强，生长期盆土稍湿润。冬季低温时如浇水过多，叶片基部会感染腐烂病，黄化而干枯。

📋 **施肥**
每半月施肥 1 次，用腐熟饼肥水或"卉友"15-15-30 盆花专用肥。

🪴 **换盆**
盆栽用直径 15 ~ 20 厘米的盆。盆土用腐叶土、肥沃园土和沙的混合土，加少量骨粉。每 2 ~ 3 年换盆 1 次。

✂ **修剪**
发现有黄叶或病叶时随时剪除；金边品种中若发现绿色叶片时，也需将它剪除。

❀ 繁殖

　　常用分株和扦插繁殖。分株全年都可进行，以早春结合换盆时为好，将生长拥挤的植株脱盆，细心扒开根茎，每丛约 3～4 片叶，栽下即可，盆土不宜太湿。扦插以 5～6 月为好，选健壮叶片，剪成 5 厘米长，插于盛沙盆内，露出一半，插后 4 周可生根，成活率高，待新芽顶出沙面 10 厘米时再移栽上盆。

❀ 病虫害

　　常有炭疽病和叶斑病危害，用 70% 甲基托布津可湿性粉剂 1000 倍液喷洒。虫害有象鼻虫，可用 20% 杀灭菊酯 2500 倍液喷杀。

灰叶虎尾兰

 新手常见问题解答

1. 如何选购虎尾兰? 买回后如何养护?

　　答：盆栽要植株丰满、挺拔，株高不超过 60 厘米。叶丛匀称，叶片肥厚、直立、斑纹清晰。金边品种边缘黄色宽阔明显，叶片无缺损、折断，无病虫为害。刚买回的盆栽需摆放在有纱帘的窗台或阳台，不要放在阳光过强或光线不足的场所。长出新叶后可多浇水，盆土保持湿润。盛夏强光直射时，需拉上纱帘。冬季需放温暖、阳光充足处越冬。

2. 虎尾兰除了观赏之外, 还有其他用途吗?

　　答：虎尾兰在原产地热带西非，剑形叶片可长至 1.2 米以上，是重要的绿色围篱和纤维植物。摆放在居室，有净化空气的能力。其叶含有阿巴马皂甙元，具有清热、解毒的功用。

金边虎尾兰

火 祭

火祭是多年生匍匐性肉质草本。它春季青翠碧绿，冬季鲜红耀眼，盆栽点缀窗台、阳台或落地窗旁，给居室带来浓厚的绿意和喜庆气氛。

关键词: 喜光、叶片变色、易繁殖

 原产地:
栽培品种。

 习性:
喜温暖、干燥和阳光充足的环境。不耐寒,耐干旱,忌水湿。生长适温18℃～24℃,冬季不低于8℃。

 花期:
秋季。

$ 参考价格

盆径 8 厘米（苗株基本封盆），每盆 5 ~ 8 元。

摆放 / 光照

喜阳光充足，耐半阴，怕强光暴晒。宜摆放在阳光充足的朝东和朝南窗台或阳台。

浇水

生长期不需多浇水，保持盆土有潮气就行，盆土过湿茎叶易徒长。夏季高温和冬季室温低时，浇水不宜多，盆土稍干燥。

施肥

每月施肥 1 次，用稀释饼肥水或"卉友"15–15–30 盆花专用肥。

换盆

盆栽用 10 ~ 12 厘米。盆土用腐叶土、培养土和粗沙的混合土，加少量骨粉。每年早春换盆。

修剪

春季换盆时剪除基部枯叶和过长的须根，对长出盆沿的下垂枝可适度疏剪。

繁殖

主要是扦插，以早春和深秋进行为好，剪取充实的顶端枝，长 5 ~ 6 厘米，叶 6 ~ 7 枚，插于沙床，18℃ ~ 22℃ 下 2 ~ 3 周生根，成活率高，成型快。

病虫害

有时发生锈病和叶斑病危害。发病初期可用 70% 代森锰锌可湿性粉剂 600 倍液喷洒防治。虫害有粉虱和介壳虫，发生时用 40% 氧化乐果乳油 1500 倍液喷杀。

 新手常见问题解答

1. 如何选购火祭？买回后如何养护？

答：盆栽植株要健壮、端正，株高不超过 5 厘米；叶片多、肥厚、对生、排列紧密，春季灰绿色，冬季红色，不缺损，无病虫害。刚买回的盆栽摆放在阳光充足的窗台或阳台，不要放在过于荫蔽和通风差的场所，严格控制浇水，盆土有些潮气即可。夏季高温干燥时向叶面喷雾，防止叶片基部积水。冬季需摆放在温暖、阳光充足处越冬。

2. 怎样才能使火祭的叶片变成红色？

答：火祭在正常的温度和光照下，叶片为灰绿色，在温差大和较强的光照下，由叶片的边缘开始慢慢转红，直至全株呈鲜红色。

金 琥

金琥缀化

　　金琥是市场上颇常见的大型仙人掌植物。球体大，浑圆，布满金黄色硬刺，盆栽点缀台阶、门厅、客厅，金碧辉煌，珍奇迷人。

关键词：
喜光、耐干旱、怕水湿

 原产地：
墨西哥中部。

 习性：
喜温暖、干燥和阳光充足的环境。耐半阴和干旱，怕水湿和强光。生长适温13℃～24℃，冬季不低于8℃。

 花期：
夏季。

⑤ 参考价格
　　球径20厘米的盆栽每盆80元。

◉ 摆放 / 光照
　　喜阳光充足，耐半阴，怕强光暴晒。宜摆放在阳光充足的朝东和朝南窗台或阳台。

浇水

生长期每周浇水 1 次，盆土保持稍湿润，春季每 2 周浇水 1 次，冬季停止浇水，空气干燥时向周围喷水。

施肥

生长期每月施肥 1 次，用腐熟饼肥水或"卉友"15－15－30 盆花专用肥。

换盆

盆栽用直径 12 ～ 40 厘米的盆。盆土用腐叶土、肥沃园土和粗沙的混合土，加少量干牛粪（这是国际上应用十分普遍的有机肥，也是国内多肉爱好者常用的肥料，目前花市上只有仙人掌的复合肥和有机肥，干牛粪可能利润不高或者没有引起初学者的赏识）。每 2 年换盆 1 次，春季进行。

修剪

如果球体旁生小球，应及时剥下盆栽或嫁接，以免影响母球。换盆时，根系过长应修根。

繁殖

播种：30 年生母球才能开花结实，播后覆薄土，发芽适温 20℃ ～ 24℃，播后 20 ～ 25 天发芽，发芽率高，幼苗生长较快。扦插：生长期切除球体顶部，可刺激球口边缘产生子球；待子球长到 1 ～ 2 厘米径粗时，切下插于沙床中，约 20 ～ 30 天生根后盆栽。嫁接：

金琥锦

5 ～ 7 月进行，以量天尺为砧木，用实生苗或截顶萌生子球作接穗，接后 3 ～ 4 周可愈合成活。嫁接球生长迅速，长大时又可切取落地盆栽。

病虫害

有时发生焦灼病，发生时可用 50% 多菌灵可湿性粉剂 600 倍液喷洒防治。虫害有介壳虫和红蜘蛛，用 50% 杀螟松乳油 1000 倍液喷杀。

 新手常见问题解答

1. 如何选购金琥? 买回后如何养护?

答：棱脊多，刺座大，株形优美，无老化症状；刺密集，金黄色，新鲜，光亮；球面亮绿色，斑锦品种镶嵌黄白色斑块者更佳，无缺损，无病虫害。刚买回的盆栽植株，需摆放在阳光充足的窗台或阳台，通风好，遇强光时拉上纱帘，但时间不宜过长，否则影响刺色。盆土保持稍干燥，浇水时不要淋湿球体，冬季不需浇水，保持干燥。放温暖、阳光充足处越冬。

2. 金琥能不能水培?

答：可以。先将球体托出，轻轻将土去除，清洗根系后水培。如果球体大，放入玻璃器皿时要稳定，防止倒伏。球体的根系一半浸在水中，夏季每旬换水 1 次，冬季每月换水 1 次，换水时清洗玻璃器皿并轻轻冲洗一下根系，小心保护根系。换水时加入营养液。

生石花

生石花外形和颜色酷似彩色卵石，盆栽点缀窗台、书桌或博古架，小巧精致，好似一件精致的工艺品，人见人爱。若以卵石相伴，更是真假难分。

关键词：
形态奇特、喜光、怕湿

 原产地：
南非。

 习性：
喜温暖、干燥和阳光充足的环境。不耐寒，耐干旱和半阴，怕水湿、高温和强光。生长适温15℃~25℃，冬季不低于12℃。

 花期：
夏末至中秋。

参考价格

盆径8厘米的每盆（一个标准的生石花）20～30元。

摆放/光照

喜光，耐半阴。盆栽宜摆放在阳光充足的朝东和朝南窗台或阳台。

浇水

生长期盆土保持湿润，但不能过湿，否则易长青苔，影响球状叶生长。夏季高温强光时适当遮阴，少浇水。秋凉后盆土保持稍湿润。冬季盆土保持稍干燥。

施肥

生长期每半月施肥1次，用稀释饼肥水或"卉友"15-15-30盆花专用肥。防止肥液沾污球状叶。

换盆

用直径10～12厘米的盆，每盆栽3～5株。用腐叶土、培养土和粗沙的混合土，加少量干牛粪。根系少而浅，每2年换盆1次。栽植后可摆放彩色卵石，起到观赏和支撑效果。

修剪

不需修剪。

繁殖

常在春季或初夏播种，种子细小，采用室内盆播，发芽适温19℃～24℃，播后7～10天发芽，幼苗生长特别迟缓，浇水必须谨慎，实生苗需2～3年才能开花。初夏选取充实的球状叶扦插，插后3～4周生根，待长出新的球状叶后再移栽。

病虫害

主要发生叶斑病、叶腐病危害，可用70%代森锰锌可湿性粉剂600倍液喷洒。虫害有蚂蚁和根结线虫，可换土或给土壤消毒减少线虫侵害。用套盆隔水养护，防止蚂蚁危害。另外，注意鸟害和鼠害。

新手常见问题解答

1.如何选购生石花？

答：植株球果形，充实，饱满，株幅不小于1厘米。有一对连在一起的肉质叶、顶端平坦，具有多彩的斑纹，无缺损，无焦斑，无病虫害。

2.刚买回的生石花如何养护？

答：盆栽摆放在有纱帘的窗台或阳台，避开强光，也不要过于荫蔽。盆土不需多浇水，可向植株周围喷水，增加空气湿度。盆土过湿，肉质叶容易腐烂。冬季需摆放在温暖、阳光充足处越冬。

石莲花

　　石莲花是一种平凡而普通的多肉。但这并不影响人们对它的喜爱, 盆栽点缀窗台、阳台、茶几和桌台, 清新悦目, 清秀典雅。

 原产地:
墨西哥。

 花期:
春季至初夏。

 习性:
喜温暖、干燥和阳光充足的环境。不耐寒, 耐半阴和干旱, 怕积水和烈日暴晒。生长适温 18℃~25℃, 冬季不低于 5℃。

关键词:
喜光、耐半阴、耐干旱、易繁殖

⑤ 参考价格

盆径8厘米的每盆（株幅6～7厘米）8～10元。

ⓧ 摆放 / 光照

喜阳光充足，耐半阴，怕强光暴晒。宜摆放在阳光充足的朝东和朝南窗台或阳台。

ⓧ 浇水

生长期以干燥为好，盆土过湿茎叶易徒长。冬季室温低，水分过多根部易腐烂，变成"无根植株"，盆土需保持干燥。

ⓧ 施肥

每月施肥1次，用稀释的饼肥水或"卉友"15–15–30 盆花专用肥。

ⓧ 换盆

盆栽用直径12～15厘米的盆，用腐叶土或泥炭土加粗沙的混合土，每年早春换盆。

ⓧ 修剪

春季换盆时，剪除植株基部萎缩的枯叶和过长的须根。

ⓧ 繁殖

常用扦插繁殖，全年均可进行，以8～10月更好，成活率高。插穗可用单叶、莲座叶盘，还可用蘖枝，但剪口要平，干燥后再插或平放于沙床，插后20天左右生根，盆土如果太湿剪口易发黄腐烂，根长2～3厘米时上盆。

ⓧ 病虫害

常发生锈病、叶斑病和根结线虫危害。发病初期可用75%百菌清可湿性粉剂800倍液喷洒防治，根结线虫用3%呋喃丹颗粒剂防治。虫害有黑象甲，用25%噻嗪酮可湿性粉剂1500倍液喷杀。

 新手常见问题解答

1.如何选购石莲花? 买回后如何养护?

答：植株健壮、端正，呈莲座状，株高不超过10厘米。叶片多，肥厚多汁，淡粉绿色，表面附着白粉，无缺损，无病虫害。刚买回的盆栽摆放在有纱帘的窗台或阳台，避开强光，也不可过于荫蔽。不宜多浇水，可向植株周围喷水，增加空气湿度。盆土过湿，茎叶易徒长，也会导致叶片发黄腐烂。冬季需摆放在温暖、阳光充足处越冬。

2.请问石莲花怎样进行水培?

答：将盆栽石莲花脱盆洗根后水培，或剪取一段顶茎或一片叶片，插于河沙中，待长出白色新根后再水培。水培时不需整个根系入水，可留一部分根系在水面上，这样对生长更有利。春秋季在水中加营养液，夏季和冬季用清水。

条纹十二卷

条纹十二卷是最常见和较受欢迎的小型多肉。用它盆栽或水培摆放于书桌、茶几或窗台，青翠碧绿，加上白色星星点点的条纹，有清新高雅的感受。容易栽培，更讨人喜悦。

关键词: 白条纹、易繁殖、耐半阴

 原产地：
南非。

花期：
夏季。

 习性：
喜温暖、干燥和阳光充足的环境。不耐寒，耐半阴和干旱，怕水湿和强光。生长适温 10℃ ~ 24℃，冬季不低于 5℃。

$ 参考价格
盆径 8 厘米的每盆（植株基本封盆）3 ~ 5 元。

☀ 摆放 / 光照
喜阳光充足，耐半阴，怕强光。宜摆放在阳光充足的朝东和朝南窗台或阳台。

💧 浇水
生长期盆土保持稍湿润，不能积水。空气过于干燥时可喷水增加空气湿度。冬季和盛夏处于半休眠状态，盆土保持干燥。

🧴 施肥
每月施肥 1 次，用稀释的饼肥水或"卉友"15-15-30 盆花专用肥。使用液肥时不要沾污叶片。

🪴 换盆
盆栽用直径 12 ~ 15 厘米的盆，盆土用腐叶土和粗沙的混合土，以浅栽为好。

✂ 修剪

春季换盆时，剪除基部萎缩的枯叶和过长的须根。如果成为无根植株，去除腐烂部分，晾干后重新扦插补救。

❀ 繁殖

分株：全年均可进行，常在 4 ~ 5 月换盆时把母株周围的幼株剥下直接盆栽。扦插：5 ~ 6 月进行，将肉质叶片轻切下，基部带上半木质化部分，插于盛河沙的盆内，插后 20 ~ 25 天可生根，根长 2 ~ 3 厘米时盆栽。

🐛 病虫害

有时发生根腐病和褐斑病，可用 70% 代森锰锌可湿性粉剂 600 倍液喷洒。虫害有粉虱和介壳虫，发生时用 40% 氧化乐果乳油 1000 倍液喷杀。

 新手常见问题解答

1. 如何选购条纹十二卷? 买回后如何养护?

答：植株要健壮、端正，呈莲座状，株幅在 10 厘米左右。叶片多，肥厚、坚硬、深绿色，叶面的白色疣点排列呈横条纹，无缺损，无焦斑，无病虫害。刚买回的盆栽摆放在有纱帘的窗台或阳台，避开强光，也不要过于荫蔽。盆土不需多浇水，可向植株周围喷水，增加空气湿度。盆土过湿茎叶易徒长，也会导致基部叶片发黄腐烂。冬季需摆放在温暖、阳光充足处越冬。

2. 我种的条纹十二卷为什么叶片一阵儿变红，一阵儿又变小了?

答：条纹十二卷对光的反应比较敏感，如果你摆放在光线过强的位置，时间长了，肉质叶片会出现红色，必须搬到稍阴的地方才能慢慢转绿。若在光线过弱的地方放置时间长了，叶片会退化逐渐缩小，要立即放到光线稍好的窗台，叶片才能慢慢充实恢复。

蟹爪兰

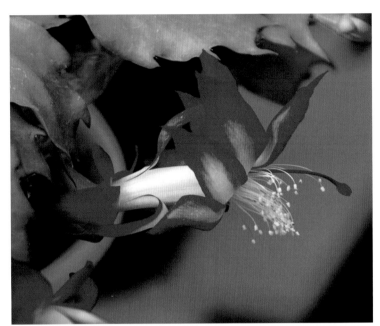

每年冬季的年宵花市场多能看到蟹爪兰的身影，在我国，它是比较传统的花卉，很多老年人都很喜欢，近几年引进的小型蟹爪兰盆栽植株虽然小巧，但花色更丰富，花量也大，颇受欢迎。

关键词：
观花、易繁殖、年宵花

 原产地：
巴西东南部。

 习性：
喜温暖、稍湿润和半阴环境。不耐寒，怕强光暴晒和雨淋。生长适温18℃～23℃，冬季不低于10℃。

 花期：
秋末至冬季。

⑤ 参考价格
盆径12～15厘米，有3～4个扦插枝，株高20厘米左右有花的，每盆15～25元。

☀ 摆放／光照

蟹爪兰属短日照植物，秋冬在短日照条件下才能孕蕾开花。喜半阴，怕强光暴晒，宜摆放在阳光充足的朝东和朝南窗台或阳台。

◍ 浇水

生长期和开花期每周浇水2次，盆土保持湿润。空气干燥时每3～4天向叶状茎喷雾1次。花后处半休眠状态，控制浇水。其他时间每2周浇水1次，盆土保持稍湿润。

⬛ 施肥

生长期每月施肥1次，用稀释的饼肥水或"卉友"15-15-30盆花专用肥。

▣ 换盆

盆栽或吊栽用直径12～15厘米的盆，每盆栽苗3～5株。盆土用泥炭土、培养土和粗沙的混合土。每2～3年换盆1次，春季进行。

✂ 修剪

换盆时，剪短过长或剪去过密的叶状茎；花后进行疏剪，剪下的叶状茎用于扦插或嫁接。出现花蕾时少搬动，以免落蕾落花。

❀ 繁殖

常用扦插和嫁接繁殖。扦插：春季或初夏选择健壮肥厚的茎节，切下1～2节，晾干2～3天，待切口稍干后插入沙床，不宜过湿，室温在

15℃～20℃，插后2～3周生根。嫁接：在春末或秋季进行，砧木用量天尺或梨果仙人掌，接穗选用2节肥厚的茎片，采用嵌接法，每株砧木嫁接3个接穗，呈120度角，嫁接后放阴凉处，约10天可愈合成活。

◐ 病虫害

常发生腐烂病和叶枯病危害，首先要改善栽培环境，注意通风，降低室温和空气湿度，发生初期用50%甲霜灵锰锌可湿性粉剂500倍液或75%百菌清可湿性粉剂800倍液喷洒。虫害有红蜘蛛、白粉虱，发生时用40%氧化乐果乳油2000倍液或90%晶体敌百虫1500倍液喷杀。

新手常见问题解答

1. 如何选购蟹爪兰？

答：盆栽植株要矮壮、充实，分枝多，分布匀称，造型优美；叶状茎肥厚，扁平，亮绿色，边缘呈锯齿状缺刻，无缺损，无病虫害；有花蕾或开花者更佳。

2. 刚买回的蟹爪兰如何养护？

答：刚买回的盆栽必须摆放在有纱帘的窗台或阳台，不要放在有强光或过于荫蔽的场所。浇水不宜过多，可向茎面多喷水，待有新的叶状茎长出后可增加浇水量，但盆内不能过湿或积水。冬季需摆放在温暖处越冬。

熊童子

熊童子花如其名, 毛茸茸的叶片像极了熊爪子, 它新奇可爱的样子赢得了众多年轻多肉爱好者的心。

关键词:
多肉萌物、喜干旱、怕湿

 原产地:
南非。

 花期:
夏末至秋季。

 习性:
喜温暖、干燥和阳光充足的环境。不耐寒, 夏季需凉爽, 耐干旱, 怕水湿和强光暴晒。生长适温 18 ~ 24℃, 冬季不低于 10℃。

💲 参考价格

盆径8厘米,株高15厘米,株幅10厘米的,每盆8～10元。黄斑熊童子(扦插生根苗)每株30元左右。

☀ 摆放 / 光照

喜阳光充足,怕强光暴晒。盆栽宜摆放在阳光充足的朝东和朝南窗台或阳台。

💧 浇水

生长期不需多浇水,保持盆土稍湿润,如果盆土过湿,导致茎叶快速生长,会影响株形。夏季高温时向植株周围喷雾,冬季进入休眠期,盆土保持干燥。

🧴 施肥

每月施肥1次,用稀释饼肥水或"卉友"15-15-30盆花专用肥。

🪴 换盆

盆栽用直径12～15厘米的盆。盆土用腐叶土、培养土和粗沙的混合土,加少量骨粉、干牛粪。每年春季换盆。

✂ 修剪

株高15厘米时需摘心,促使分枝。植株生长过高时需修剪,压低株形,4～5年后需重新扦插更新。

🌱 繁殖

家庭常用扦插繁殖,春季或秋季剪取充实的顶端枝,长5～7厘米,插于沙床,插后2～3周生根,成活率高,成形快。

🐛 病虫害

有叶斑病和锈病危害,可用20%三唑酮乳油1000倍液喷洒防治。虫害有粉虱,可用40%氧化乐果乳油1000倍液喷杀。

 新手常见问题解答

1. 如何选购熊童子?

答:盆栽要矮壮、分枝多,茎圆柱形,灰褐色,株高不超过15厘米。叶片卵球形,肉质,灰绿色,表面密生细短毛,宛如熊掌,无缺损,无病虫为害。

2. 刚买回的熊童子如何养护?

答:刚买回的盆栽摆放在阳光充足的窗台或阳台,不要放在过于荫蔽和通风差的场所。春秋季浇水不需多,盆土保持稍湿润。夏季高温干燥时适当遮阴,切忌向叶面喷水。冬季需摆放在温暖、阳光充足处越冬。

第五章

新人上手

4种 水培
植物

风信子

早春开花的风信子不仅可盆栽，也很适合水培。放置书桌、案头，新奇别致，花开时散发淡淡的清香。

关键词: 球根花卉、观花、喜光、易养

 原产地:
亚洲中部和西部。

 习性:
喜凉爽、湿润和阳光充足的环境。不耐严寒，怕强光。鳞茎在 6℃ 下生长最好，萌芽适温为 5℃~10℃，叶片生长适温 10℃~12℃，现蕾开花以 15℃~18℃最有利。

 花期:
早春。

$ 参考价格
单棵风信子（带水养盆）10 ~ 15 元。

● 摆放 / 光照
喜阳光充足，怕强光。宜摆放在阳光充足的朝东和朝南窗台或阳台。

● 取材
为了保证开花，必须选用充实、饱满、周径在 18 厘米以上的鳞茎。先将鳞茎放在吸足水的海绵上，置于 8℃~10℃低温、黑暗条件下催根。15 ~ 20 天可长出新根，新根长至 5 厘米长时用于水养。也可将盆栽生根的风信子脱盆洗根后水养。

🪴 容器

市场上有专门用于水养风信子的葫芦形玻璃容器出售。除此之外，家庭还可用茶杯、酒杯、牛奶瓶以及各种休闲食品的玻璃器皿。

💧 换水

水养初期每 2 ~ 3 天换水 1 次，根系较多时每周换水 1 次。水内加少量木炭可起到防腐作用。

🖐 养护

水养容器尽量放在通风透光处，室温保持在 10℃ 以上。水位离鳞茎的底盘要有 1 ~ 2 厘米距离，让根系吸收氧气。长出 3 ~ 4 片叶时，每周向叶面喷洒 0.1% 磷酸二氢钾稀释液 1 次，或每 2 ~ 3 周施 1 次营养液，直至现蕾，但要避免因营养液施用过多而导致水变质。

✂ 花后处理

水养开花后的鳞茎一是淘汰，二是将鳞茎取出，剪除开败的花序，栽植到地下，重新培育开花鳞茎。

🌼 繁殖

风信子自然分球率低，母球栽植 1 年后仅分生 1 ~ 2 个子球。建议每年买新种球来养。

🐛 病虫害

有腐朽菌核病危害幼苗和鳞茎，碎色花瓣病危害花朵，茎线虫危害地上部。鳞茎贮藏时剔除受伤和有病的鳞茎并保持通风。另外，有锈病危害叶片，用 25% 萎绣灵乳油 400 倍液喷洒防治。

 新手常见问题解答

1. 如何选购风信子? 刚买回的风信子如何处置?

答：购买盆花要求植株健壮，叶片线状，有凹沟，亮绿色；花茎挺拔，花朵繁多，已有部分开花，花色鲜艳的盆株为好。无缺损，无病虫危害。购买鳞茎时，要求卵形、充实、饱满、外膜完整、清洁，无病虫痕迹，鳞茎周径在 16 厘米以上，否则难于开花。买回的盆花摆放在有明亮光照和通风的场所。注意浇水，保持盆土湿润。空气干燥时可向叶面喷雾，开花时不能向花朵上喷淋，否则花瓣易腐烂或焦斑。同时少搬动，以免花茎折断或落花。

2. 怎样贮藏风信子的鳞茎?

答：风信子鳞茎有夏季休眠习性，秋冬生根，早春萌发新芽，3 月开花，6 月上旬植株枯萎。夏季鳞茎的贮藏温度为 20℃ ~ 28℃，25℃ 对花芽分化最为有利。若鳞茎在贮藏过程中温室过高，没有完成花芽分化，盆栽后就难于开花。同时，贮藏时要剔除受伤和有病的鳞茎，保持通风。

富贵竹

富贵竹是一种常绿的观叶植物，株型优美，叶片翠绿，十分养眼。用它盆栽或水培摆放在居室不仅带来好心情，还有带来好运、财气和长寿的意味。

关键词：喜光、耐湿、耐修剪

 原产地：
非洲西部。

 习性：
喜高温、多湿和阳光充足的环境。不耐寒，耐水湿，怕强光和干旱，耐修剪。冬季不低于10℃，5℃以下茎叶易受冻害。

 花期：
夏季。

⑤ 参考价格

造型水养植株，盆径15～20厘米的每盆50～100元。

☀ 摆放 / 光照

喜阳光充足，怕强光，耐阴能力较强。50%～70%的光照对生长最为有利，半阴对生长影响不大。长期光照不足，叶片柔弱、下垂，叶色暗淡，影响观赏效果。宜摆放在阳光充足的朝东和朝南窗台或阳台。

◐ 取材

可将盆栽植株脱盆取出，用自来水冲洗，剪除部分老根和残根后直接水养。也可剪取成熟枝，剪口要平，去除底部部分叶片，插入盛水的容器中。

容器

瓷质、陶质、金属的浅盆或浅缸，塑料、陶质的异形盆和高筒的玻璃器皿以及各式家用器皿均可。

换水

水插时，每3~4天换1次水，生根后，每周换1次水。

养护

富贵竹根系比较发达，每次加水或换水时，让少量根系露在空气中，换水时剪除老根和过密的根。每2周加1次观叶植物专用营养液。夏季常向茎叶喷水，以免叶片出现干枯。盛夏如出现烂根现象应立即剪除腐烂部分，用50%多菌灵2000倍液浸泡30分钟，用清水冲洗后再水养。

修剪

水养植株生长迅速，茎干过高，出现弯曲，显得凌乱无序，必须通过修剪、截顶来压低株形，或者设支架进行绑扎。

繁殖

6~7月梅雨季节，选取成熟、充实枝条，剪成长10~15厘米一段，插入沙床中，约3~4周生根，2个月即可盆栽。也可用水插繁殖，将顶端枝长20~25厘米的插条沿节间处剪下，摘掉基部部分叶片，直接插入清水中，约3周可生根。

病虫害

发生叶斑病和茎腐病时，可用200单位农用链霉素粉剂1000倍喷洒。发现有蓟马和介壳虫危害时，采用40%氧化乐果乳油1000倍液喷杀。

新手常见问题解答

1. 如何选购富贵竹？刚买回的富贵竹如何处置？

答：选购富贵竹的盆栽植株，茎叶要丰满，株形优美，小型盆栽株高不超过30厘米，大型盆栽株高不超过60厘米。叶片完整、无虫斑，深绿色，斑纹品种的纹理必须清晰。刚买的富贵竹，不管什么造型，暂放居室的半阴处，防止阳光直射；盆土保持湿润，水养的不能断水。冬季入室的，每旬浇水1次，盆土不宜过湿。夏季每天向叶面喷水2~3次，以增加空气湿度。待长出新叶后，可施稀薄的复合肥溶液，转移到明亮光照下，1年后换盆。

2. 我栽种的富贵竹已长有1米多高，该怎么办好？

答：富贵竹在肥水充足和适宜的温度条件下，茎叶生长十分迅速。过高的富贵竹在离盆面15厘米处截短，使其重新萌发新枝，对剪下的部分再进行扦插，这样可以一举两得，压低了株形，繁殖了新苗。

3. 富贵竹如何进行水养？

答：如果剪取枝条扦插，长短可根据需要自行决定，但剪口应离节间1厘米，这样容易生根。水插时每3~4天换1次水，生根后水养时每周换1次水。富贵竹根系比较发达，每次加水或换水时，要让部分根系暴露在空气中，换水时剪除老化和过密的根。每15天加1次观叶植物专用营养液。高温时向茎叶喷雾，以免叶片出现干枯。

水　仙

重瓣水仙

单瓣水仙

　　水仙是一种多年生的球根花卉，常作一年生栽培。水养一盆冬春点缀书桌、案头和窗台，馨香、典雅。将它配植于草地边缘、花境和岩石园，花时清香幽雅，更显田园优美。

关键词：
年宵花、芳香、易养

 原产地：
欧洲地中海地区。

 习性：
喜温暖、湿润和阳光充足的环境。耐寒性较差，耐半阴和干旱、怕高温。生长适温 10℃ ~ 20℃，冬季不低于 0℃。

 花期：
冬季或春季。

💲 **参考价格**
20 桩单球每盆 10 ~ 15 元。

☀ **摆放 / 光照**
　　喜阳光充足，耐半阴。宜摆放在阳光充足的朝东和朝南窗台或阳台。

取材

选择健壮、饱满的鳞茎（20桩或周径30厘米以上的），用潮湿的砻糠灰或蛭石略加覆盖，放暗处生根。

容器

瓷质、陶质、玻璃、塑料等材质的浅盆或玻璃专用器皿。

换水

每天晚上将盆内的水倒掉，第二天早晨加新水，直到开花。

养护

将生根和雕刻的水仙鳞茎取出，以水石养于浅盆中，摆放在光照明亮和通风的场所。空气干燥时可向叶面喷雾，开花时不能向花朵上喷淋。同时少碰撞和搬动花盆，以免造成落花或花茎折断。水养水仙一般不用加营养液，抽出花苞后每周换1次水，从水养开始至开花需30～40天。

繁殖

分株，种鳞茎两侧着生的子鳞茎仅基部相连，秋季将子鳞茎剥下可直接种，翌年长成新鳞茎。双鳞片繁殖，指用带有两个鳞片的鳞茎盘作为繁殖材料，把鳞茎先放在低温4℃～10℃下4～8周，然后在常温下把鳞茎盘切小，每块带有2个鳞片，再将鳞片上端切除，留下端2厘米作繁殖材料，以蛭石和沙为基质与鳞片材料一起封闭在袋内。在20℃～28℃和黑暗条件下，经2～3个月培养，从茎盘上长出小鳞茎。

病虫害

常见有青霉病、冠腐病和叶斑病危害，发病初期用25%多菌灵可湿性粉剂800倍液喷洒。有刺足根螨危害时，可用40%三氯杀螨醇1000倍液喷杀。

新手常见问题解答

1.如何选购水仙? 刚买回的水仙如何处置?

答：购买盆花要求造型好，叶片矮壮、肥厚、繁茂、深绿色；花茎粗壮、挺拔，花初开为好。无缺损，无病虫危害。购鳞茎时，要充实、饱满、外皮褐色、清洁，无病虫痕迹，鳞茎的周径30厘米以上，抽出花茎多、开花多。买回的盆花摆放在有明亮光照和通风的场所。空气干燥时可向叶面喷雾，开花时不能向花朵上喷淋，否则花瓣易腐烂。同时，少碰撞和搬动盆花，以免造成落花或折断花茎。

2.请问水仙如何进行雕刻、水养?

答：水仙非常适合艺术雕刻加工，常见有笔架式和蟹爪式两种。笔架式可使鳞茎球内花芽生长一致，排列整齐，同时开花。蟹爪式通过叶或花梗被刻伤后，使叶片和花朵出现弯曲、歪斜、扭转等姿态，像蟹爪那样横生舒展，卷曲优美，旖旎多姿。再经拼合组型，构成孔雀迎春、丹凤朝阳、金鱼戏水等生动造型，给人们以美的享受。水养过程中，需经常换水，去除切口分泌出的黏液，花枝对乙烯敏感，要远离盛水果的果盘，以免落花。

铜钱草

铜钱草是一种挺水性草本植物。盾状叶片,青翠光亮,形似香菇,用它盆栽或水养摆放窗台、书桌或案几,给人以舒适、清雅之感。南方常植于池边、林下或阴湿地作地被植物,青翠光亮,给人以宁静和清新的景观效果。

关键词:喜湿草本、易养、繁殖容易

 原产地:
南美洲。

 习性:
喜温暖、湿润和阳光充足的环境。生长适温20℃~28℃,夏季不超过30℃。不耐寒,冬季5℃以上能安全越冬,温度过低叶片易发黄枯萎。

 花期:
夏季。

💲 参考价格

直径 12 ～ 15 厘米的水养盆栽，每盆 10 ～ 12 元。

⊙ 摆放 / 光照

喜阳光充足，耐半阴，遮光 40% ～ 60%。宜摆放在阳光充足的朝东和朝南窗台或阳台。

⊙ 取材

整株脱盆，将根用水清洗干净，剪除断根和腐根，再用清水养。也可剪取节间生根的顶端枝直接水养。

🗖 容器

用各种圆盘形或异形的陶质或塑料盆，以口径 15 ～ 20 厘米为宜。也可用各种规格的圆筒玻璃器皿，具有时代气息。

🗖 换水

刚水养的植株每 3 ～ 4 天换水 1 次，出现白色根系后，可 7 ～ 10 天换水 1 次。

🗖 养护

水养铜钱草时，可以在容器底部铺垫彩石、陶粒、卵石、水晶石等装饰。也可放在彩沙中水养。生长期每 3 ～ 4 天加 1 次水，每 7 ～ 10 天换水 1 次，每半月补充 1 次营养液。定期给叶面喷水，保持较高的空气湿度。茎叶生长快，可随时分株水养，及时摘除黄叶。剪短过高的叶丛，每周转动瓶位半周，达到株态匀称。

✂ 修剪

春季当盆内长满根系时进行换盆，并分株整形。基部叶片黄化时及时摘除，植株生长过高应修剪压低，促使茎节基部萌发新枝。

🌾 繁殖

春季将茎节上生长的顶端枝剪下或将密集株丛一分为二，可直接盆栽。夏季剪取顶端嫩枝，长 10 ～ 15 厘米，插入沙床，在 20℃～ 24℃下，约 2 周生根。春秋季用室内盆播，发芽适温 19℃～ 24℃，播后 10 天发芽。

🐛 病虫害

铜钱草的叶片和嫩枝易遭受蜗牛危害，可在傍晚人工捕捉灭杀或用 3% 石灰水 100 倍液喷杀。

新手常见问题解答

1. 如何选购铜钱草? 刚买回的铜钱草如何处置?

答：选购盆栽，以植株矮壮、造型美，叶片繁茂，无缺叶、残叶的为好。叶片翠绿，无病斑、焦斑，有光泽，没有受冻痕迹。买回后，摆放在通风和有明亮光照的位置，光线过暗植株易徒长。向叶面多喷雾，防止空气干燥和阳光暴晒。盆土保持湿润，防止干裂。待长出新叶后才能施肥，注意肥液不能沾污叶面。

2. 铜钱草的叶片发黄怎么办?

答：叶片发黄的原因：一是冬季室温低于 5℃，根系受到冻伤；二是春季急于搬到室外，对温度变化不适应；三是摆放位置通风不畅；四是室内空气过于干燥，没有及时向叶面喷水。要针对以上情况及时改善栽培环境和养护措施。

第六章

新人上手

6种 观果植物

佛 手

佛手是一种常绿灌木,为香橼的变种。姿态奇特,果状如人手,散发出醉人的清香。佛手是冬季重要的观果盆栽和热销的年宵花。

关键词: 果实奇特、芳香、可食用

 原产地:
中国和印度的热带地区。

 习性:
喜温暖、湿润和阳光充足的环境。不耐寒,不耐阴,怕烈日暴晒和积水。生长适温22℃~28℃,低于4℃易受冻害。夏季高温也会导致落叶,结果佛手冬季放室内,以5℃~12℃为宜。

 果期:
冬季。

💲 **参考价格**
盆径20~25厘米的每盆60~80元。

摆放/光照

不耐阴，怕强光。春秋季需充足的阳光，夏季午间适当遮阴，防止烈日暴晒，以免造成叶片灼伤和落叶。宜摆放在阳光充足的朝东和朝南窗台或阳台。

浇水

佛手对水分比较敏感，既怕干又怕涝，要"不干不浇，浇则浇透"。夏季高温干旱时不能断水，冬季则以稍干为宜。生长期保持盆土湿润，叶面多喷水，挂果期要控制浇水，切忌盆内积水，否则会导致落叶或落果。

施肥

盆栽当年不施肥，第2年每半月施肥1次，第3年开始现蕾应停止施肥，着果后每周施肥1次。

换盆

盆栽常用直径30厘米的盆，用肥沃园土、腐叶土和沙的混合土。盆栽佛手每2年换盆1次，在早春进行，并打头除芽，添加新土。

修剪

佛手1年开花多次，重疏春花，多留夏花夏果，适当疏花可提高着果率，每枝仅留1个果，其余摘除。每年春季萌发前，剪除徒长枝、密枝和弱枝，保留短枝。夏季进行造型、疏剪，保证枝条分布均匀。秋季留好秋梢，作为翌年结果枝。

繁殖

扦插：以6～7月为宜，从健壮母株上剪取上年的春梢或秋梢作插穗，长10～12厘米，保留4～5个芽。插入沙床，约30～35天生根，60～70天发芽，发芽后可分栽。嫁接：3～4月进行，砧木用香橼、柠檬或枸橘，选取6～8厘米长的1～2年生嫩枝作接穗，保留2～3个芽，去叶留柄，采用切接，保持湿润，接后40～50天，接穗就能抽出嫩枝。压条：在5～7月进行，选用生长旺盛健壮的高位枝条，采用高空压条法，一般30～40天生根，50～60天可剪下盆栽。

病虫害

密集的枝梢常发生煤污病危害，可用波尔多液或0.2度波美石硫合剂喷洒。虫害有蚜虫和介壳虫，发生时可用40%氧化乐果乳油1000倍液喷杀。

新手常见问题解答

1. 如何选购佛手？

答：选购盆栽佛手要有较好的造型，叶片深绿，果实完整，色黄，香味浓郁者为好。

2. 怎样才能使佛手叶繁茂、果形美？

答：首先在佛手生长过程中，要防止黄叶和落叶，室温不能低于8℃或超过35℃；盆土不能时干时湿，用酸性土，忌碱性土；保护好叶片，才能正常开花结果。开花结果过程中要及时疏花疏果，最后做到1枝留1果。孕蕾时用磷酸二氢钾喷洒叶面1～2次，促进果实发育。

观赏辣椒

观赏辣椒是玲珑可爱的观果植物,果实形状多样,色彩丰富,用它盆栽点缀窗台或阳台,给人以丰富多彩的印象。

关键词: 草本植物、喜光、耐肥

 原产地:
美洲北部和南部的热带地区。

 果期:
秋冬季。

 习性:
喜温热,不耐严寒,苗期生长适温为 21℃ ~ 25℃,超过 30℃生长减慢。

$ 参考价格

盆径 12 ~ 15 厘米的每盆 10 ~ 15 元。

⊛ 摆放 / 光照

全日照,长时间的充足阳光有利于开花结果,阳光不足则植株徒长、开花后挂果少或小。宜摆放在阳光充足的朝东和朝南窗台或阳台。

◐ 浇水

生长期每 3 天浇水 1 次,盆土保持湿润,夏季经常向叶面喷雾。盆土干燥或空气干燥、炎热易引起落果。

施肥

4 ~ 8 月每周施肥 1 次,用腐熟饼肥水或"卉友"20–20–20通用肥,挂果后加施1 ~ 2 次磷钾肥或"卉友"15–30–15 高磷肥。

换盆

盆栽用直径 12 ~ 15 厘米的盆,用肥沃园土、泥炭土、腐叶土和粗沙的混合土,再加入 15% 的腐熟厩肥。从播种至采收需 60 ~ 90 天。

✂ 修剪

叶片过密时可酌量疏剪，开花过多或结实过密时适当疏花疏果。

✿ 繁殖

主要用播种繁殖。冬末或早春季室内盆播，种子先浸泡 1 ~ 2 个小时，晾干后播种，覆土 1 厘米，发芽适温 25℃ ~ 30℃，播后 3 ~ 5 天发芽。苗株具 8 ~ 10 片真叶时定植或移栽。

⚙ 病虫害

常见炭疽病危害叶片，发病初期用 70% 甲基硫菌灵可湿性粉剂 1000 倍液喷洒。虫害有红蜘蛛、蚜虫，发生时用 40% 氧化乐果乳油 1500 倍液喷杀。

 新手常见问题解答

1. 如何选购观赏辣椒？

答：要挑选植株矮壮，分枝多，株态匀称的，叶片深绿无破损，果实多而色艳者为佳品。不要买果实过多、部分已发黑干瘪的。到蔬菜公司购买种子，要求新鲜、饱满，无虫害，有详细说明。

2. 最近盆栽观赏辣椒有掉果的情况，是什么原因？

答：盆栽必须放在阳光充足的朝南或朝西阳台和窗台，要远离水果，防止成熟果品释放乙烯引起花和果的脱落。同时，干热的室内环境也容易引起落果。

金 橘

金橘为我国传统观果盆栽精品。果期正值春节，异常热闹，可烘托节日气氛。在我国已成为年宵花市中不可缺少的名品，并红遍大江南北。

关键词：
传统观果盆栽、果可食用、
吉祥喜庆的年宵花

 原产地：
中国。

 习性：
喜温暖、湿润和阳光充足的环境。不耐寒，耐干旱，稍耐阴。生长适温20℃～25℃，冬季不低于7℃，低于0℃则遭受冻害。地栽金橘可耐 -2℃低温。

 果期：
秋冬季。

 参考价格
盆径20～25厘米的每盆100～120元。

☀ 摆放 / 光照

喜光，稍耐阴。光照充足有利于枝叶生长和果实发育、着色，但要避开烈日曝晒，以免灼伤叶片和幼果。宜摆放在阳光充足的朝东和朝南窗台或阳台。

💧 浇水

喜湿润，充足的水分有利于枝条生长和果实发育，但不能积水。生长期保持盆土不干为度，夏梢生长期控制浇水，适度干旱（即"扣水"），使新梢停止生长后的芽转化为花芽。待腋芽膨大转白时再正常浇水，如果盆土过湿，会造成伤根落叶。观果期盆土时干时湿都会造成提前落果。

🌡 施肥

植株萌叶抽枝时，每半月施肥1次，用稀释的腐熟饼肥水，夏末秋花前要施足肥，增加坐果率。待果实珠子大时，每旬施肥1次，多施速效磷钾肥，助果实迅速膨大。每次修剪和摘心后及时施肥，果实黄熟时停止施肥。

🪴 换盆

盆栽常用直径20 ~ 25厘米的盆，用腐叶土、泥炭土和沙的混合土，每2年换盆1次。观果后，早春摘除全部果实并换盆，并加入新鲜、肥沃土壤。

✂ 修剪

在春梢萌发前修剪，保留3个健壮枝条，枝条基部留3 ~ 4个饱满芽，待长成20厘米时摘心。新梢长出5 ~ 6片叶时再摘心，促发夏梢结果枝，及时剪除秋梢。

🌱 繁殖

主要用嫁接繁殖。通常用枸橘、酸橙或金橘的实生苗作砧木，采用靠接、枝接或芽接法。枝接在3 ~ 4月进行，芽接在6 ~ 9月进行，靠接在6月进行。砧木要提前1年栽植，也可用地栽砧木。嫁接成活后第2年萌芽前上盆，多带宿土。

🐛 病虫害

常有溃疡病和疮痂病危害，用波尔多液喷洒预防，发病初期用70%甲基托布津可湿性粉剂1000倍液喷洒。虫害有红蜘蛛、蚜虫和介壳虫，发生时用40%氧化乐果乳油1500倍液喷杀。

 新手常见问题解答

1. 如何选购金橘？

答：金橘在盆中有较好姿态，以果大色艳、大小一致和分布均匀者为宜。如果盆土疏松、较新，说明是刚盆栽的，最好不要购买，容易落叶落果，欣赏期短。

2. 怎样使金橘年年结果？

答：春季修剪整形，初夏扣水促使花芽分化，花期人工辅助授粉，提高坐果率，合理、科学施肥，防止盆土时干时湿、温度剧变和强光暴晒等。

珊瑚豆

珊瑚豆本是常绿灌木，家养时常作一二年生栽培。盆栽秋冬季绿饰居室，红果累累，玲珑可爱，呈现出喜气洋洋的热闹气氛。

关键词: 喜光、耐肥

 原产地:
欧、亚热带地区。

 果期:
冬季。

 习性:
喜温暖、湿润和阳光充足的环境。不耐严寒，怕霜冻，耐半阴。生长适温 20℃～25℃，冬季不低于 8℃。

💲 参考价格
盆径 15～20 厘米的每盆 10～15 元。

◐ 摆放／光照
喜阳光充足，耐半阴。宜摆放在阳光充足的朝东和朝南窗台或阳台。

💧 浇水
生长期充分浇水，开花时要控制浇水量，以提高坐果率。

🧪 施肥
生长期每半月施肥 1 次，秋季开花时增施 1～2 次磷钾肥，促进结果，也可用"卉友"15-15-30 盆花专用肥。

🪴 换盆
盆栽用直径 10～15 厘米的盆，用肥沃园土、泥炭土和沙的混合土。

✂ 修剪
苗株高 10～15 厘米时摘心 1 次。越冬老株通过修剪能重新萌发新枝，继续开花结果。

繁殖

播种：春季室内盆播，发芽适温18℃～20℃，播后10～12天发芽。扦插：夏季剪取10厘米半成熟枝，插后2～3周生根。

病虫害

常见叶斑病和炭疽病危害，发生初期用65%代森锌可湿性粉剂600倍液喷洒防治。虫害有粉虱，发生时用40%氧化乐果乳油1000倍液喷杀。

新手常见问题解答

1. 如何选购珊瑚豆？买回后如何养护？

答：盆花要挑选植株矮壮，节间短，丰满，枝繁叶茂，无缺损，无黄叶的；挂果多，果大色艳，有光泽，大小一致，成熟度一致，无烂果和破损。盆花要包装好，成熟浆果容易被碰落或碰伤，挂果枝条也容易折断。买回后摆放在阳光充足的朝南或朝东窗台或阳台。浇水时不能淋到果实上，以免果皮出现污斑或导致腐烂。盆土保持稍干燥，切忌过湿或时干时湿，室温不要忽高忽低，否则都会引起落叶或落果。

2. 怎样防止珊瑚豆落叶、落果？

答：落叶、落果，主要是室温过低、光照不足和盆土过湿所引起。为此，盆栽珊瑚豆必须放在阳光充足的位置，室温不能低于10℃，浇水不宜过多，尤其是冬季雨雪天气，4～5天浇水1次，盆土保持稍干燥才能防止落叶、落果的发生。

石 榴

石榴是一种落叶灌木或小乔木。小型盆栽点缀窗台、阳台和居室，意为富贵吉祥。大型盆栽布置厅堂，呈现喜气洋洋、繁荣昌盛的气氛。

关键词：
观花、观果、喜光

 原产地：
欧洲东南部至喜马拉雅地区。

 习性：
喜干燥和阳光充足的环境。耐寒性强，耐干旱，怕水涝。生长适温 10℃ ~ 25℃，冬季能耐 -15℃低温，-15℃以下易发生冻害。

 果期：
秋末至冬季。

💲 参考价格
盆径 12 ~ 15 厘米盆栽 20 ~ 30 元，盆径 25 厘米盆栽 80 元。

☀ 摆放/光照

喜阳光充足，不耐阴。宜摆放在阳光充足的朝东和朝南窗台或阳台。

💧 浇水

生长期盆土宜干不宜湿，需控制浇水。

🪴 施肥

每月施肥1次，用腐熟饼肥水。冬季停止施肥。

🪴 换盆

盆栽用直径15～40厘米盆，盆土用肥沃园土、培养土和沙的混合土，加少量腐熟饼肥。

✂ 修剪

盆栽生长期需摘心，控制营养枝生长，促进花芽形成。石榴盆景每年摘2次老叶，生长期内全部摘光，并剪去新梢，施足肥料，半月后新叶生齐。3年以上老枝需更新。同时，勤除根蘖苗，剪除死枝、病枝、密枝和徒长枝，达到通风透光。

🌱 繁殖

春季剪取2年生枝，夏季用半成熟枝扦插，长10～12厘米，插后2～3周生根。早春芽萌动时，选取健壮根蘖苗进行分株。春秋季进行埋土压

条，不需刻伤，芽萌动前将根部分蘖枝埋入土中，夏季生根后割离母株，秋季即可成苗。

🐛 病虫害

常发生叶枯病和灰霉病危害，发病初期可用70%甲基托布津可湿性粉剂1000倍液喷洒。虫害有刺蛾、蚜虫和介壳虫，发生时用50%杀螟松乳油1000倍液喷杀。

新手常见问题解答

1. 如何选购石榴? 买回后如何养护?

答：石榴的苗株应在秋季落叶后至早春萌芽前购买，庭院栽植的苗株一般不宜过大，株高以1.5～1.8米为好，树冠开展，分枝多，枝条分布匀称，无病虫。挖取的苗株应尽量多带宿土或土球，成活率高，发枝好。选购盆栽石榴或盆景，以造型好并开始开花的植株为宜。买回的苗株应尽快选地栽植，不宜摆放时间过久，以免影响成活率。栽植后一定要将苗株周围的松土踩紧，浇透水。同时注意遮阴、喷水，待萌芽抽枝后再松土除草或培土。

2. 为什么我家种的那棵石榴结果不多，而且果皮容易开裂?

答：石榴不耐水湿，又不耐阴。如果种在阳光不足的场所，必定开花少、结果也不会多，甚至见不到果实。若在果实成熟期遇到雨水多或盆土过湿，虽然不影响生长，但容易引起裂果和落果。

朱砂根

朱砂根，商家常叫它"富贵籽"，取个吉祥的寓意。它是一种古老树种，株形很小、很矮，年生长量也极小，是木本植物王国中的"侏儒"。在我国春节和欧美圣诞节，常作为年宵花。

关键词: 木本植物、矮生、年宵花

 原产地:
中国和日本。

 习性:
喜温暖、湿润和半阴的环境。不耐寒，耐阴，怕强光暴晒和碱性土壤。生长适温 13℃～27℃，冬季不低于 5℃。0℃以下易引起落叶和落果。

 果期:
冬季。

$ 参考价格
盆径 15～20 厘米盆栽 80～100 元，盆径 25 厘米的精品 200～250 元。

☼ 摆放／光照

喜半阴，怕强光暴晒。宜摆放在阳光充足的朝东和朝南窗台或阳台，也可摆在有明亮光照的客厅和书房。

♨ 浇水

夏秋季生长快，水分要充足，每3～5天浇水1次，盆土保持湿润。室温在15℃以上时每天喷水，保持较高的空气湿度。冬季果实转红后每旬浇水1次，盆土保持稍湿润。

⊞ 施肥

生长期每半月施肥1次，现蕾后增施2～3次磷钾肥。注意人工授粉，提高结实率，果实变红后不再施肥。

⊟ 换盆

盆栽用直径20厘米的盆，用肥沃园土、泥炭土和沙的混合土，加少量骨粉和腐熟饼肥。每2年换盆1次，在春季进行，剪除过长的盘根，加入肥沃的酸性土。

✂ 修剪

当新梢长10厘米时可摘心，促使分枝，扩大树冠。果枝过多过密时适当疏剪，做到匀称美观。

❀ 繁殖

播种：成熟果实采后除去果皮，洗净晾干后播种，也可低温层积沙藏，翌年春播，播后7～9周发芽，发芽后3周，子叶开展时移栽。扦插：梅雨季剪取半成熟枝，长5～6厘米，插后3～4周生根。初夏嫁接，采用切接，砧木剪留3厘米，接后每天喷水。

⊘ 病虫害

常有叶斑病、根癌病和根疣线虫病危害，可用波尔多液或西维因可湿性粉剂1000倍液喷洒。虫害有介壳虫，用40%氧化乐果乳油1000倍液喷杀。

 新手常见问题解答

1. 如何选购朱砂根？

答：盆栽朱砂根要树姿优美，株丛密集，叶片繁茂，深绿色，挂果多，果实饱满，色彩鲜艳，无病虫和轻摇之不落者为好。切忌搬动，以免红果掉落。

2. 怎样才能使朱砂根多结果？

答：首先要培育健壮的植株，开花时盆株避开雨淋，进行多次人工授粉，就是用毛笔从一朵花上取花粉传到另一朵花的柱头上，提高坐果率。同时，孕蕾后多施磷钾肥，用磷酸二氢钾或花宝3号喷洒2～3次，促使果实正常发育。

第七章

新人上手

6种 芳香植物

百里香

百里香是著名的香料植物和蜜源植物。"经风啮咬的百里香，气息有如破晓的天堂。"在欧洲，诗人对百里香作出了不少赞美的诗词。它也是烹调、药用、美容、杀菌剂的来源。

关键词: 喜光、耐干旱、易栽易活、芳香

 原产地:
地中海地区。

花期:
夏季。

 习性:
喜凉爽、干燥和阳光充足的环境。适应性强，较耐寒，怕水涝。生长适温 13℃ ~ 18℃，冬季耐 -10℃。适合黄河以北地区栽种。

$ 参考价格

盆径 12 ~ 15 厘米盆栽 10 ~ 12 元。

⚙ 摆放 / 光照

喜光。盆栽植株摆放在阳光充足的阳台或窗台，室温保持在 8℃ ~ 10℃。春季至秋季放庭院向阳处。

💧 浇水

不适应过湿或过于干燥的环境。土壤表面干燥发白时充分浇水，严格控制空气湿度，尤其是冬季，宜低不宜高。盆土不能过湿，地栽不能积水。

🌱 施肥

耐瘠薄，盆栽或地栽一般情况下不需要施肥，春秋季茎叶生长期可施少量缓效性肥料或"卉友"20—20—20 通用肥。

🪴 换盆

春季或夏季花后换盆，换盆用大一号的花盆。母株上的宿土去掉 1/3，盆土用园土和泥炭土（2:1）的混合土。

🌸 繁殖

常用扦插、分株、播种繁殖。初夏剪取嫩枝，夏季用半成熟枝扦插，容易生根。春季分株繁殖，挖出母株，切断横走的匍匐茎，分丛栽种。播种在春季进行，发芽适温15℃～28℃，播后5～7天发芽。

✂️ 修剪

花后换盆时一般不需修剪，也可将每个分枝剪去1/3。同时剪除部分密枝、重叠枝和病枝。

🐛 病虫害

春季空气湿度过高时，叶片易发生灰霉病危害，发病初期可用50%腐霉剂可湿性粉剂1500倍液喷洒或50%百菌清粉尘剂喷粉防治。

 ## 新手常见问题解答

1. 我种的百里香叶片变黄了，是什么原因？

答：百里香的适应性强，栽培也不难，最主要是怕水。叶片变黄的原因就是水浇多了，根部受损，结果地上部茎叶变黄，严重时萎蔫死亡。种植百里香"不怕干就怕湿"。

2. 如何用百里香来布置小庭院？

答：百里香在欧洲庭院种植中非常流行，由于植株低矮丛生，是极佳的地被植物和岩生植物。盆栽摆放台阶、露台或阳台，阵阵香气飘进居室，还可杀菌消毒。栽植于庭院的道旁、坡地、花境、步石隙地或块石旁十分幽静、舒适。

3. 百里香的茎叶在美食方面有什么用途？

答：百里香的茎叶含有挥发油、黄酮、树胶、百里香酚等成分，带有浓郁的香味，其中有香甜的水果味、有柑橘的甜味、有清香的柠檬味和温和的百里香味。为此，在欧美广泛用于美食，适合炖肉、煮汤时作为调味品，如鲽鱼百里香馅饼、百里香焖子鸡、烤百里香兔肉等，其最大的特点是能帮助消化油腻食物。此外，蔬菜、水果沙拉和果酱中也可作调料。

薄 荷

薄荷是著名的芳香植物和常用中药。它可以香用、药用和食用，家庭盆栽随手可用。

关键词: 药用、食用、易繁殖、耐湿

 原产地:
欧洲和亚洲。

 花期:
夏季。

 习性:
喜温暖、湿润和阳光充足的环境。较耐寒，耐高温和半阴。生长适温 20℃～30℃，低于 0℃会受冻害，地下根茎可耐 –15℃低温。适合长江流域地区栽种，北方可盆栽。

⑤ 参考价格

盆径 8～15 厘米的盆栽 5～10 元。

◐ 摆放/光照

喜光，也耐半阴。盆栽摆放在阳光充足的阳台或窗台，室温保持在 10℃～12℃，春季至秋季放庭院向阳处。

◐ 浇水

茎叶生长期盆土保持湿润，夏秋季空气干燥时向叶面喷水，冬季如果茎叶仍在生长，盆土保持稍湿润，过湿易烂根。

◐ 施肥

喜肥，盆土要肥沃，可施些基肥。生长期每 2 周施肥 1 次，用腐熟饼肥水，夏季每周施肥 1 次。地上部茎叶开始枯萎时停止施肥。

◐ 换盆

3 月换盆，将植株从盆内脱出，去除宿土和老化根茎，把新根茎取出，重新盆栽。如果新根茎数量多，可分栽 2～3 盆。盆土用肥沃园土、腐叶土和沙的混合土。扦插苗株高 15～18 厘米、具 5～6 片叶时可定植于 12～15 厘米的盆中，每盆栽 3

株苗,栽后放半阴处恢复。定植后1周,施薄肥1次。

✂ 修剪

苗高15～20厘米时摘心,促使多分枝。当茎叶继续长高时,可留基部10厘米,将地上部剪取应用,还会继续萌发新叶,长至一定高度时可再次剪取使用。栽培好的植株可剪取3～4次。

🌼 繁殖

播种:室内盆播,由于种子细小、喜光,可撒播不覆土,播后放浅水盆中吸水湿润,放半阴处,发芽出齐后移至阳光下。扦插:5～7月将地上部枝条剪成10厘米左右,去掉下部叶片,先在清水中浸泡1～2小时,吸水后插入沙床或蛭石中,插后2周生根。分株:在4～5月或11月初,将地下根茎挖出,选节间短、色白、粗壮的根茎直接栽种,成活率高。

🐛 病虫害

早春预防白粉病、灰霉病;春季防止地老虎危害幼苗,同时进行锈病、斑枯病的防治;夏季防止斜纹夜蛾幼虫危害叶片。可用波尔多液或65%代森锌可湿性粉剂600倍液喷洒,预防病害发生。地老虎和夜蛾用90%敌百虫原药1000倍液喷杀。

 新手常见问题解答

1.薄荷能否在庭院中布置应用?

答:薄荷为芳香类开花的地被植物,适用于庭院的水池旁、沟边和低洼地丛植,生长期绿叶铺地,好似地毯;开花时,蜂蝶飞舞、景观极佳,也可盆栽观赏、点缀居室。

2.剪取的薄荷茎叶怎样应用?

答:薄荷茎叶多用于食品调料、烹调;薄荷油用作香料以及糖果、露酒等。家庭采集的数量少,可以做薄荷粥。用鲜薄荷30克,加工稍煎取汁、去渣后约留汁150毫升;粳米30克,加水300毫升煮成稀粥,加入薄荷汁75毫升,再稍煮热,加入冰糖少许,调化后食用。有疏风解热、清利咽喉的功效。

碰碰香

　　轻抚碰碰香的枝叶, 就会闻到一股淡淡的清香, 捣碎叶片时味道更浓, 有驱虫防虫的效果。

关键词：
驱虫、栽培容易

 原产地：
非洲东南部。

 花期：
夏季。

 习性：
喜温暖、湿润和阳光充足的环境。不耐寒, 耐半阴, 怕积水。
生长适温 10℃ ~ 25℃, 冬季不低于 10℃。

💲 参考价格

盆径 6 ~ 8 厘米的盆栽 3 ~ 5 元。

☀ 摆放 / 光照

喜光，耐半阴，怕强光直射。宜摆放在朝南和朝西南的阳台或窗台。

💧 浇水

喜湿润，生长期盆面干后浇透水，但不能积水。冬季减少浇水。

🧴 施肥

4 ~ 10 月生长期每月施肥 1 次，用腐熟饼肥水或"花宝"5 号复合肥。

🪴 换盆

每年春季换盆，选用直径 15 ~ 20 厘米的盆，每盆栽苗 3 ~ 5 株，盆栽用肥沃的园土、泥炭土和腐叶土的混合土。

✂ 修剪

播种苗株长至 8 ~ 10 厘米时摘心，促使多分枝，扦插苗有 12 ~ 15 厘米高时打顶，促其分枝。平时剪除基部黄叶、枯叶。

🌱 繁殖

播种：种子成熟后即采即播，播后覆一层浅土，稍压实，及时浇水。发芽适温 19℃ ~ 24℃，播后 7 ~ 10 天

发芽。扦插：全年均可进行，以春末最好，剪取顶端嫩枝，长 10 厘米左右，插入泥炭土中，插后 4 ~ 5 天生根，1 周后可移栽上盆。也可水插繁殖。

🐛 病虫害

由于植株具有特殊香气，很少发生病虫危害。

新手常见问题解答

1. 教你如何科学浇水？

答：新手浇水往往不是多就是少，达不到"透"。当茎干柔软、叶片萎垂时，可将整个花盆放在水中浸湿，然后取出让其慢慢排水即可。生长期每月做个 1 ~ 2 次，对盆花很有好处。

2. 怎样进行水插繁殖？

答：初夏剪取碰碰香的半成熟枝条，长 15 厘米左右，剪口要平整，稍晾干，插条叶片过多时，可将基部叶片去除 2 ~ 3 枚。插条的一半插在清水中，每 5 ~ 7 天换 1 次清水，直至生根盆栽。

香叶天竺葵

花市上的"驱蚊香草"说的就是它，其实，它只是一种叶片有香味的天竺葵。香叶天竺葵有很多品种，因种类不同可散发出玫瑰花香、薄荷气味、柠檬香味、苹果香味、麝香气味等。

关键词：
喜光、耐干旱、易栽培

原产地：
非洲南部好望角。

习性：
喜温暖、湿润和阳光充足的环境。不耐寒，忌积水和高温，耐瘠薄，稍耐阴。生长适温 10℃~ 20℃，冬季不低于 7℃。夏季处于半休眠状态，要严格控制水分。

花期：
春季至秋季。

💲 参考价格

盆径 6 ~ 8 厘米的盆栽 8 ~ 10 元。

⊙ 摆放 / 光照

喜阳光充足，稍耐阴。盆栽摆放在阳光充足的阳台或窗台，也可搬到室外养护。

💧 浇水

春季每周浇水 2 ~ 3 次；夏季高温季节，香叶天竺葵叶片易萎黄脱落，生长停滞，进入半休眠状态，浇水应减少，宜在清晨浇水。秋季每周浇水 1 ~ 2 次；冬季每周浇水 1 次，晴天午间进行，切忌用冷水喷浇和叶上滞留水，室内空气湿度要低。

🗒 施肥

4 ~ 9 月每旬施肥 1 次，用腐熟的饼肥水或天竺葵专用液肥，防止肥液沾污叶面。若室温偏低，少数叶片发黄，则停止施肥。

换盆

将地上部剪去 1/2，脱盆后去除宿土 1/2，并剪短须根，换上新的栽培基质，浇水后放半阴处恢复。

修剪

为了促使多分枝，使株形匀称美观，可在冬末对植株重剪。生长过程中随时清除残花枯叶。

繁殖

播种：室内盆播，播种土用高温消毒的泥炭、培养土和河沙的混合土，播后覆浅土，发芽适温为 13℃~18℃，播后 1~3 周发芽。扦插：剪取当年生嫩枝或换盆剪下的枝条，长 7~8 厘米（约 3~4 节），留上部 1~2 片小叶，放半阴处晾干后插入沙床，约 3 周生根。若用 0.01% 吲

哚丁酸液浸泡插条基部 2 秒，则生根快，根系发达。也可用短茎上留一片叶的叶芽法（指剪取一片完整的叶片带一小段短茎）扦插。

病虫害

生长期如果通风不畅或盆土过湿，易发生叶斑病和灰霉病。发病初期用 75% 百菌清可湿性粉剂 800 倍液或 50% 甲霜灵锰锌可湿性粉剂 500 倍液喷洒防治。虫害有蚜虫、红蜘蛛和粉虱，发生时用 40% 氧化乐果乳油 1000 倍液或 25% 噻嗪酮可湿性粉剂 1500 倍液喷杀。

新手常见问题解答

1.香叶天竺葵的叶片发黄怎么办？

答：叶片发黄的原因很多，如长期摆放在过阴的场所；盆栽时间过长，根系生长过密；盆土缺乏肥料；浇水过多，造成根部腐烂；盆土时干时湿或过于干旱；病虫危害等都会引起叶片发黄或枯萎脱落，要针对具体原因进行处理。立即换盆是最好的办法。

2.盆栽香叶天竺葵摆放在家里什么位置最好？

答：10 月至翌年 4 月，可摆放在室内有阳光的窗台或封闭阳台；5~9 月可摆放在室外阳光充足的台阶、花架或露台，夏季高温时暂放半阴处。这样茎叶生长茂盛，香气浓郁。

3.香叶天竺葵的茎叶在美食方面有什么用途？

答：香叶天竺葵的茎叶含有挥发油、薄荷酮、柠檬醛等成分，触摸后留香特别浓郁，其中有玫瑰柠檬香味、辣薄荷气味、柑橘香味、苹果香味等。将叶片洗干净、剁碎或用泡叶的水，加入果酱、冰淇淋、酱汁、面包、牛油、糖浆中，可增添特别的风味。其新鲜叶片可加入菜汤和兔肉中，也可用它烤鱼或做天竺葵叶甜饭、天竺葵叶蛋糕等。

薰衣草

薰衣草是一种浪漫的植物，成片的薰衣草田，让人充满迷恋与遐想。当然，大片的景观是家里营造不了的，但只要有 1 ～ 2 盆，也可以令人放松。薰衣草精油还是非常好的护肤品。

关键词: 怕高温、怕水湿、易扦插、芳香

 原产地:
加那利群岛。

 习性:
喜冬暖夏凉、湿润和阳光充足的环境。耐寒，耐干旱，怕高温高湿，不耐阴，忌积水。生长适温 15℃ ～ 25℃，冬季不低于 5℃。

 花期:
夏季。

💲 参考价格
盆径 8 ～ 15 厘米的盆栽 8 ～ 10 元。

☀ 摆放 / 光照

喜光，盆栽摆放在阳光充足的窗台或阳台。庭园地栽要选地势比较高燥、不易受涝的场所，用肥沃、疏松和排水良好的沙壤土。

💧 浇水

盆栽冬春季每旬浇水1次，保持微干状态。春末搬室外养护，盆土干燥后充分浇水，夏季由快速生长期至始花期，盆土保持湿润，但不能过湿和积水。秋末可搬回室内，每周浇水1次，保持盆土微湿。

🌱 施肥

5～9月是生长开花期，每月施肥1次，可用腐熟饼肥水或"卉友"20-20-20通用肥。

🪴 换盆

春季或花谢后换盆，将母株从盆中托出，根据长势适当修剪，去除1/2宿土，并剪短须根，换上新的栽培基质，浇水后放半阴处恢复。

✂ 修剪

苗株高10厘米时摘心，促使多分枝。成年植株初夏如果不需观花，可在植株长至20厘米时，将茎干留5～8厘米剪除，水肥管理2周，又能茎叶满盆。花谢后剪去花茎，若长势过旺，可剪去植株的1/2，促使重新萌发新枝。

🌸 繁殖

播种：室内盆播，种子喜光，撒播不覆土，发芽适温为21℃～24℃，播后2～3周发芽。发芽出齐后移至阳光下养护。初夏至秋末剪取半成熟枝扦插繁殖，剪成6～8厘米长，插入沙床，在20℃和空气湿度80%的条件下，约3～4周生根。也可水插繁殖，剪取半成熟枝，长10厘米左右，插入清水中，摆放在半阴处，约2～3周可长出新根。春、秋季还可分株繁殖。

🌿 病虫害

冬季室内通风不畅，易发生灰霉病危害。发病初期用75%百菌清可湿性粉剂800倍液或50%甲霜灵锰锌可湿性粉剂500倍液喷洒防治。

新手常见问题解答

1. 我种的薰衣草怎么叶片发黄了？

答：薰衣草属于怕水湿和高温的植物。如果盆栽土壤排水差，持续潮湿的土壤会使薰衣草根部没有足够的空气呼吸，轻者叶片发黄，重者全株枯萎死亡。同时，盛夏高温也不利于薰衣草的生长，有时也会出现叶片发黄的现象，可以搬到稍凉爽、通风的场所。

2. 修剪后的薰衣草怎么反而长得不好了，是什么原因？

答：薰衣草的修剪要根据植株的长势和季节进行，如果植株长过旺，可以重剪，剪去枝条的1/2，若长势一般，只需疏剪或剪去枝条的1/3。注意不要剪到木质化的部分，这样植株难于萌发新枝，造成衰弱死亡。另外，修剪要避开高温，尽量在春末或初秋进行为好。

迷迭香

迷迭香是欧洲古老的芳香植物。它栽培的历史悠久，应用十分广泛，尤其在家庭小院、阳台栽培非常普遍。

关键词: 常绿灌木、喜光、扦插繁殖

 原产地:
欧洲地中海地区。

 习性:
喜温暖、干燥和阳光充足的环境。较耐寒，耐高温和半阴，忌水湿。生长适温 15℃ ～ 25℃，冬季不低于 –5℃。

 花期:
春末至夏季。

💲 **参考价格**
盆径 8 ～ 15 厘米的盆栽 8 ～ 10 元。

摆放 / 光照

喜光，耐半阴，光照不足枝叶易徒长，植株柔弱。盆栽宜摆放在阳光充足的朝南阳台或窗台，室温在 8℃以上。

浇水

喜干燥，生长期盆土干了再浇水，盆土过湿易导致茎叶发黄甚至造成全株枯萎死亡。

施肥

生长期每月施 1 次薄肥。花前增施 1 ~ 2 次磷钾肥。

换盆

每年春季换盆。春播苗长至 6 ~ 7 厘米时，定植于 15 厘米的盆中，每盆栽苗 1 株，盆土用肥沃园土、腐叶土和沙的混合土。

修剪

生长期摘心促使多分枝。

繁殖

播种：室内盆播，覆浅土，喷水后盖上玻璃，发芽适温 21℃ ~ 24℃，播后 2 周发芽。发芽出齐后移至阳光处，苗期盆土保持湿润。扦插：春秋季都可以，剪取半成熟枝，长 10 ~ 12 厘米，扦插前将插条浸在水中 2 ~ 3 小时，充分吸水后插于沙床，插后约 3 ~ 4 周生根，2 周后用 12 厘米的盆栽植。

病虫害

高温季节易发生枯萎病，发病初期用 50% 多菌灵可湿性粉剂 800 倍液喷洒防治。通风不畅时有红蜘蛛危害，可用 5% 噻螨酮乳油 1500 倍液喷杀。

 新手常见问题解答

1. 原先长得好好的一棵迷迭香，突然萎蔫死亡，是什么原因？

答：在雨水多的地区，往往由于盆土排水不畅或地栽低洼积水，造成整个植株逐渐枯萎死亡。解决的办法很简单，地栽要选择高燥的地方，开排水沟，土壤要疏松。盆栽基质要透气疏松，排水好，同时盆底不能贴地，让多余的水分从底孔排出。

2. 听说种养迷迭香还有益于身体健康，是这样吗？

答：迷迭香的茎叶含有微微茶香，散发在空气中会使人进入一种松弛舒适的情绪境界，可缓解疲劳，安神静心。用干燥的枝叶做成香枕、香袋，有提神安眠的效果。从花中提取的芳香油有抗菌和滋补强身的作用。

3. 迷迭香的茎叶在美食方面有什么用途？

答：迷迭香的茎叶含有挥发油、黄酮、树脂、酊类等成分，植株终年常绿，四季飘香，并幽香绵绵。为此，在欧美的厨师和家庭主妇都喜欢摘取迷迭香茎叶用于烹调，在烩煮羊肉、猪肉，烤制马铃薯，加工水果泥和沙拉时，都会放进茎叶或鲜花作为调料。其最大的特点是有杀菌、抗氧化作用，添加迷迭香的食物保存期长，有助消化脂肪和减肥。

万水荟生活

《趣玩多肉：人见人爱的创意小盆栽》

作者：月刊《Flora》编辑部 元钟姬
定价：35.00 元
出版社：中国水利水电出版社

50 款种怦然心动的组合盆栽，扮靓你的家、治愈你的心
2014 年 1 月温暖上市

《7 天学会养兰花》

作者：陈进 王剑 编著
定价：32.80 元
出版社：中国水利水电出版社

谁说菜鸟养不好兰花？
7 天轻松学会养兰不是梦想！

园艺系列——和植物一起，自由呼吸~

《和二木一起玩多肉》

作者：二木 编著
定价：48.00 元
出版社：中国水利水电出版社

最本土的栽培方法，最用心的原创之作，
多肉控必备的修炼手册！

《赏兰一周搞定》

作者：陈进 王剑 编著
定价：38.00 元
出版社：中国水利水电出版社

每天一个知识点，鉴赏兰花有门道！
《中国花卉盆景》杂志社刘芳林力荐

园艺系列——和植物一起，自由呼吸~

《多肉掌上花园》

I S B N： 987-5170-1559-8
作　者： 阿呆 著
定　价： 49.8 元
出版时间： 2014 年 1 月

独 家 秘 笈： 二十四节气多肉养护法

完 美 呈 现： 141 种经典多肉图鉴

贴 心 指 导： 上盆、配图、繁殖……多肉基础种植全图解

超级经验分享： 徒长了？ 苗烂了？ 遭遇病虫害？ 这里有你最需要的养护问题解答